이스라엘 기행

인디 부부의 내 맘대로 세계여행

이스라엘 기행

홍은표 글/사진

인디라이프

인디 부부의 이스라엘 여정

아코

쯔팟

하이파

갈릴래아 호반

카이사리아

나사렛

텔아비브

벤구리온 공항

예루살렘

베들레헴

쿰란

헤브론

엔게디

마사다

브에르세바

스데보케르

미츠페라몬

페트라

팀나

요르단 국경

에일랏

저자의 말

이스라엘이라는 이름을 처음 들어본 것은 아마 어려서 6일전쟁에 대한 뉴스가 오르내릴 때였을 것이다. 인구와 국토가 수십 배 큰 주변 아랍국들의 포위 공격 속에서 일주일도 되지 않는 짧은 기간에 오히려 전쟁을 승리로 이끈 기적적인 능력이라든지, 외국에 있다가도 전쟁 소식을 접하고는 분연히 짐을 싸 고국으로 돌아가 참전한다든지 하는 이야기들이 회자되었다. 이런 이야기들은 당시 냉전 체제에서 북한을 비롯한 사회주의 진영과 대치하고 있던 우리나라 사람들에게는 본받을 만한 귀감으로 여겨졌다. 여기에 성당에 다니게 되면서 이스라엘은 우리가 도달해야 할 이상향의 이름으로 다가왔다.

그러나 나이가 들어가면서 알게 된 이스라엘은 홀로코스트같이 그들에게 연민을 느끼게 하는 것도 있었으나, 그들이 팔레스타인 주민에게 가하는 핍박의 소식은 이스라엘에 대해 갖고 있던 막연한 친밀감을 흔들어 놓았다. 더욱이 사춘기에 들어서고 현대 과학기술을 접하게 되면서, 가톨릭에서 가르치는 여러 교리는 이성적으로 받아들이기 힘들어졌고, 이것은 오랫동안 내 정신적 방황의 원인이 되기도 했다.

　얼마 전 가을 햇살이 따사로운 날 성당 마당에서는 수녀님들이 책을 팔고 있었다. 그중에서 눈에 띄는 책 두 권을 샀는데, 여느 책과는 달리 지도를 바탕으로 성서 시대의 사건과 사람들의 삶을 그림으로 재미있게 표현한 책들이었다. 그동안의 성서학이나 성서고고학의 성과를 객관적으로 반영한 것으로 보였고 내 취향에도 맞았으므로 단숨에 읽어 버렸다. 그러면서 문득 그 땅에 가서 내 눈으로 직접 보고 느끼고 싶어졌다.

　그러나 그 땅은 그렇게 만만한 곳이 아니었다. 인류 문명의 발상지이자 역사적으로 여러 문명이 충돌하고 교류하며 이동해 간 길목에 있는 땅으로서, 현재 인류가 가진 문화적 자산 중에 중요한 것을 많이 갖고 있으면서, 동시에 여러 가지 문제와 고통이 가득한 곳이기도 하였다. 시간이 충분하지는 않았지만, 편견 없이 객관적인 눈으로 그 땅과 그 땅에 사는 사람들을 보고 이해할 수 있도록, 여러 방면의 책과 미디어를 통하여 미리 공부를 하고 가려고 하였다.

　이스라엘 여행이라 하면 보통 생각하게 되는 '성지순례' 보다는, '사람'과 '땅' 을 조금 더 가까이 들여다보는 여행이 되도록 하고 싶

었다. 이를 통해서 '예수'와 '하느님', 그리고 그분들을 믿는 종교
가 어떤 배경에서 탄생하여 지금 여기에 이르렀는지 헤아려 보고,
아울러 지금도 갈등과 폭력이 끊이지 않는 그 땅에 사는 사람들이
겪고 있는 문제의 연원과 대안에 대해서도 살펴보고 싶었다.

시간이 한정되어 있었으나 나는 아내와 자동차를 타고 이스라엘
과 인근 지역을 가능한 한 넓게 돌아보려고 하였다. 여행하는 동안
우리는 수천 년에 걸쳐 쌓아온 인류 문명의 경이로움과 함께, 인간
의 한없는 어리석음도 보았고, 사람이 사람을 핍박하는 모습을 바
라보면서 어찌할 수 없는 절망감을 느끼기도 하였다. 그러나 인간
의 욕심과 폭력과 어리석음의 역사와 함께 종교적 신비감까지 합쳐
진 이 이해하기 어려운 땅에서, 한편으로는 작게 움트고 있는 희망
의 싹도 보았다.

이 책은 '성지 순례기'가 아니며, 부부 여행자가 세속적인 눈으로
이스라엘의 여러 모습을 있는 그대로 바라보고 느낀 것을 기록한 것
이다. 사람 사는 곳은 어디나 똑같다는 얘기를 하듯이 그곳에 사는
사람들도 모두 희로애락을 경험하며 살아간다. 그러나 그 사회는

여러 면에서 우리보다 훨씬 크게 벌어진 스펙트럼을 갖고 있었다. 그런 가운데 그들이 여러 이질적인 요소들을 나름대로 아울러가면서 생활해 나가는 것을 보며, 우리가 가진 비슷한 문제를 해결하는 데 유용한 사례로 삼을 수 있겠다는 생각이 들었다.

이런 여러 생각을 이 책에 잘 담아내고 싶었는데, 다 마치고 보니 많이 부족하다. 다만 우리가 일반적으로 갖고 있는 선입견과는 달리, 이스라엘이 여러 면에서 매우 다양한 요소를 갖고 있으며, 그들이 살아가는 모습을 통하여 우리가 보고 배울 점도 많다는 것을 알리는데 작은 역할이나마 한다면 다행이겠다.

오랫동안 늘 내 곁에서 동행해 주고 있는 아내에게 고맙다는 말을 전하고 싶다.

2018년 가을로 접어드는 때에
홍은표

차례

08 예루살렘

알아두기

이스라엘은 고대문명의 발상지인 메소포타미아와 이집트를 연결하는 '비옥한 초승달지대'에 속해있으면서, 유럽과 아시아, 아프리카가 만나는 지역에 자리 잡고 있어, 고대로부터 문명의 교류가 활발히 이루어지던 곳이다.

지금의 이스라엘, 팔레스타인, 시리아, 레바논 및 요르단 지역을 묶어 '레반트(Levant)'라고 부르기도 하며, 특히 유럽에서 이 지명을 사용하는 경우가 많다.

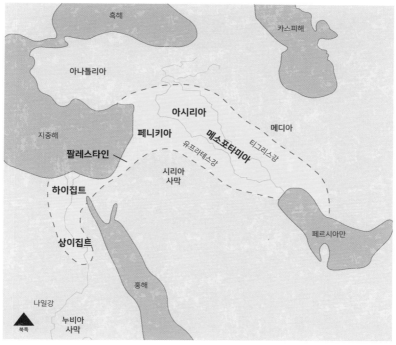

비옥한 초승달지대 (위키피디아)

이 지역을 '가나안(Canaan)'이라 부르기도 하는데, 이집트와 소
아시아 사이에 가로놓여 있는 지중해 동해안 지역을 가리키지만,
성서에서는 일반적으로 요르단강의 서쪽 지방을 가리킨다.

'팔레스타인'이라는 이름은 지역을 가리키기도 하고 국가 이름
으로 사용되기도 한다. 지역으로서의 팔레스타인은 지중해와 요르
단강 사이의 땅과 그 인근 지역을 일컫는 여러 이름 가운데 하나이
며, 대체로 가나안과 마찬가지로 현재의 이스라엘과 팔레스타인을

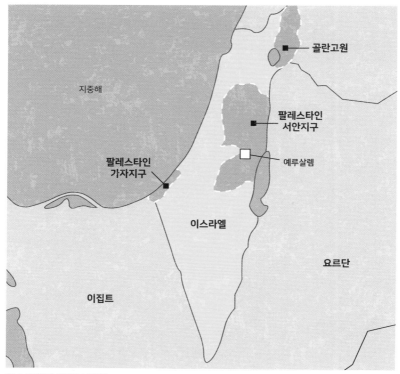

이스라엘과 팔레스타인 (구글)

포함한 지역을 가리킨다. 국가 이름으로서의 팔레스타인은 요르단 강 서안(West Bank)과 가자 지구(Gaza Strip)로 이루어진 '팔레스타인 국가(State of Palestine)'를 뜻한다.

'이스라엘'이란 원래 족장 야곱에게 붙여진 이름이었지만, 히브리부족 연합체를 이스라엘이라고 부르기도 한다. 사울왕 이후 이스라엘은 통일왕국의 이름이 되었다. 솔로몬왕 이후 왕국이 남북으로 분열되었을 때 북왕국이 그 명칭을 계승하였으나, 히브리 민족의 총칭으로서 이스라엘이 계속 사용되었다. 이후 이스라엘은 20세기에 디아스포라에서 돌아와 새로 세운 나라의 이름이 되었다.

'이스라엘 국민'은 이스라엘 국가에 사는 국민 전체를 가리키며 유대인뿐 아니라 아랍계 주민을 비롯한 모든 소수 민족이 포함된다.

'유다'도 원래 히브리의 일족인 유다 지파를 이르는 말이었으나, 왕국 분열 후 남유다왕국의 이름으로 사용되었으며, 바빌론유배 이후 그들의 종교를 가리키는 데도 사용하게 되었다. 역사적인 관점에서 이야기할 경우는 '이스라엘인', '유다인'을 각각 북이스라엘왕국, 남유다왕국의 맥락으로 구별해서 사용하고, 양자를 총칭하는 경우에는 '히브리인'이라는 호칭을 사용하지만, 일반적으로는 '유대인'이라고 하기도 한다.

'팔레스타인인'이라는 명칭은 이스라엘 국가가 세워지기 전에는 팔레스타인 지역에 살고 있던 모든 사람을 의미했지만, 일반적으로 현재는 이스라엘 영토에 남아있는 아랍계 이스라엘인과 요르단강 서안 및 가자 지구 등 팔레스타인의 영역에 사는 주민과 난민을 가리키는 의미로 사용되고 있다.

현재의 이스라엘은 1948년 5월 15일, 영국의 위임통치 종료와 함께 독립하였다. 이스라엘의 인구는 2013년 기준 약 8백만 명으로 그 중 약 6백만 명이 유대인이고, 아랍계는 약 170만 명이며 나머지는 드루즈인 등 소수민족이다.

이스라엘의 국토 면적은 약 2만 제곱킬로미터로 우리나라 남한 면적의 1/5쯤 된다. 작은 면적이지만 이스라엘의 지형은 극단적인 모습이다. 북쪽에 있는 헤르몬산은 해발 2800여 미터에 이르지만, 가장 낮은 사해는 평균해수면보다 무려 400여 미터나 낮다.

이스라엘은 외부에서 보기에는 일체감이 높은 사회로 보일 수도 있으나 실제적으로는 매우 복잡하게 다차원적으로 분열된 구조로 되어 있다. 전문가들은 유대인과 아랍인 간의 문제, 종교적인 사람과 세속적인 사람 간의 문제, 이주해온 사람들과 이곳에서 태어난 사람들 간의 문제, 그리고 유대교의 아슈케나지와 스파라디 계열 간의 문제 등 네 가지 문제를 이스라엘 사회가 가진 대표적인 대립 요소라 지적하고 있다.

일반적인 선입견과 다르게 이스라엘에는 그다지 종교적이지 않은 유대인도 많다. 유대인의 절반 정도는 유대교에 별 관심이 없으며, 유대교를 잘 믿는 사람들조차 하레디 같은 초정통파신도를 못마땅하게 생각하는 경우가 많다.

이스라엘에는 시오니즘에 따라 해외에서 이주해온 사람들도 많지만 건국 이후에 이 땅에서 태어난 사람들도 벌써 유대인 인구의 60퍼센트를 넘어 계속 증가하고 있다. 이들 사이에는 사회적인 사안을 바라보는 시각에 차이가 있다.

아슈케나지는 동유럽이나 러시아에서 이주해온 유대인이며, 스파라디는 스페인의 레콘키스타 이후 이베리아 반도에서 추방되어 북아프리카와 오스만투르크의 지배 지역 또는 다른 유럽 국가로 이주해 살았던 유대인이다. 이중 아슈케나지가 이스라엘 건국 때 중심적인 역할을 하였으며, 그 이후에도 이스라엘 사회에서 주도권을 갖고 있다. 이들 사이에는 정치적 또는 사회적 현안에 대해 서로 다른 입장을 갖고 있는 경우가 많은데, 예를 들면 팔레스타인 문제에 대해서는 아슈케나지가 더욱 강경한 자세를 취하고 있다.

01

네게브 사막

이스라엘의 관문, 텔아비브

텔아비브행 비행기는 예정대로 오후 3시에 출발하였다. 비행기
안에는 우리나라 사람보다는 인천에서 갈아탄 것으로 보이는 이스
라엘이나 서양 사람들이 더 많았고 거의 만석이었다. 전에는 구분
이 잘 안 되었는데, 모아 놓고 보니 이스라엘 사람들이 코카서스 인
종과는 좀 다르게 보여 구별할 수 있었다. 원래 아랍 사람들과는 같
은 모습이었을 테지만 조금 달라 보였다. 창세기에 따른다면 서양
인이야 노아의 셋째 아들인 야펫의 후손이니 다르다 치고, 유대인
이나 아랍인 모두 노아의 첫째 아들 '셈'의 후손이며, 믿음의 아버
지인 '아브라함'의 직계 자손이니 모습이 같은 것은 당연한 일인데,

그간 모진 역사를 거치며 조금 달라졌을 수도 있겠다 싶었다. 사실 현대 이스라엘을 구성하는 유대인은 매우 다양한 외모와 인종적 특성이 있으니 외양을 따지는 것이 실제로 별 의미는 없겠다.

옆자리에 중년의 아주머니가 앉았는데, 티베리아스에 살고 있으며, 단체로 뉴질랜드 관광을 마치고 돌아가는 길에 서울에서 이틀간 머물다가는 길이라고 했다. 서울의 도시 규모와 현대적인 모습에 감탄했다고 한다. 나는 이스라엘에 대해 이것저것 묻고 싶은데, 영어로 소통은 잘되지 않았다.

비행기는 9시경 정시에 도착하였다. 이스라엘은 원래 우리와는 7시간의 시차가 있으나, 여름엔 서머타임을 시행하므로 6시간의 시차가 있다. 텔아비브 벤구리온 국제공항의 첫인상은 서구 어느 대도시의 새로 지어진 공항과 다를 것이 없다. 우리에게 익숙한 이스라엘은 통곡의 벽 앞에서 몸을 흔들며 기도하는 하레디의 모습이나, 돌을 던지는 팔레스타인 민중을 상대로 최루탄이나 총을 쏘며 진압하는 모습일 것이다. 그러나 공항은 이스라엘 입국을 환영한다는 메시지, 대형 광고판, 긴 자동보도 등 어디서나 늘 보던 풍경이다. 또 여러 여행기에서 이스라엘 청년들이 가장 버릇없고 이기적이라고 읽은 기억을 떠올리면서, 입국심사를 맡은 공무원이 무례하고 귀찮게 할지도 모르겠다고 지레 짐작을 할 수도 있겠다. 그러나, 그런 일은 우리에게는 일어나지 않았다. 입국심사대에서는 어느 나라 공무원과 똑같은 사람들이 똑같은 질문을 하고 똑같은 미소를 지어 보였다.

공항의 이름인 '벤구리온'은 이스라엘의 초대 총리이자 건국의 아버지로 추앙받는 '다비드 벤구리온'의 이름을 딴 것인데, 짧은 현대사에도 불구하고 온 국민이 함께 존경하며 기릴 수 있는 위인을 갖고 있다는 것은 이 나라 사람들로서는 꽤 다행스러운 일로 여겨진다. 최근의 조사에 따르면 이스라엘 사람들이 가장 존경하는 인물로 이즈하크 라빈 전 총리가 꼽혔고, 그다음이 다비드 벤구리온 전 총리라고 한다. 시온을 찾아 멀고 위험한 팔레스타인 땅으로 들어와 새로운 나라를 일군 벤구리온을 국제공항의 이름으로 내세운 뜻이 이해할 만하다. 마찬가지로 에일랏 근방의 이스라엘과 요르단 사이 국경 관문 이름을 이즈하크 라빈 터미널이라고 이름 붙인 것은 주변 아랍세계와 평화롭게 공존하며 살기를 희망했던 그의 정신을 기리는 것이겠다.

이스라엘을 여행한 이후에 아랍국가를 여행할 계획이 있다면 이스라엘 입국 스탬프를 별도의 종이에 찍어 달라고 하라는 얘기를 들은 적이 있었는데, 그럴 필요는 없었다. 입국 심사관은 내 여권을 복사하여 거기에 입국허가사항을 기재하고 비자는 별도의 작은 종이로 건네주었다.

입국장을 나와서 예약한 렌터카를 받았다. 차 시동을 걸려면 먼저 운전대 좌측에 부착된 키패드에 암호를 넣어야 했다. 이 암호는 차를 빌릴 때 종이쪽지에 써서 잠시 보여주고 휴대폰으로 사진을 찍어두라고 했는데, 시동을 켜려면 반드시 재입력해야 했다. 차를 설명해 주는 직원이 이스라엘에서는 차량 절도가 많다며 큰 문제라고 걱정하였다.

우선 목적지는 텔아비브 시내에 있는 호텔이다. 20킬로미터가 채 되지 않는 거리에 있지만, 초행길에다 늦은 밤이라 조금 걱정이 되기는 하였다. 서울에서 미리 예행연습을 통해 익숙해진 웨이즈 (Waze) 내비게이션이 잘 안내해주기만 바랄 뿐이다. 시동을 걸고 이스라엘을 두루 살펴보는 여정을 출발하였다.

도착한 호텔은 깔끔했다. 호텔은 지중해 바닷가를 따라 나란히 난 길가에 있었지만, 바다와 호텔 사이에 미국대사관이 버티고 있어 호텔에서 바다가 바로 보이지는 않았다. 미국대사관은 거대한 요새와 같은 외관을 갖고 있어 마치 중세의 시타델을 연상시켰다. 미국은 이 대사관을 예루살렘으로 이전하겠다고 줄곧 얘기하고 있다. 예루살렘을 둘러싼 분쟁을 재점화할 것이 분명한 이러한 조치에 대해 유엔과 유럽의 여러 나라를 비롯한 국제사회가 모두 이를 비난하며 철회할 것을 요구하고 있지만, 미국은 아랑곳하지 않는다. 미국은 세계를 다스리고, 이스라엘은 미국을 다스리는 것인가.

이튿날 아침에 들어선 도로의 중앙분리대에는 커다란 대추야자 나무가 열을 지어 늘어서 있고, 좌우 길가에는 아담한 2, 3층짜리 목조 주택이 들어서 있어 여기도 지중해 연안의 도시임을 느끼게 한다. 이스라엘에는 유네스코 세계문화유산이 많이 있지만, 텔아비브의 '화이트시티'도 그중 하나다. 텔아비브는 영국의 팔레스타인 위임통치 기간인 1900년대 초에 건설되기 시작하여 대도시로 발전하였는데, '화이트시티'는 1930년대 초부터 1950년대까지 유럽에서 이스라엘로 이주해온 모더니즘 건축가들에 의해 현대적이고 기능적인 도시로 건설되었다고 한다.

오늘의 여정은 네게브 사막을 관통하여 이스라엘의 남쪽 끝인 에일랏까지 간 후, 이즈하크라빈 터미널을 통하여 요르단 국경을 넘어 페트라까지 가는 긴 여정이다. 이스라엘의 도로는 대개 관리가 잘되어 있고 고속도로도 대부분 무료인데, 유일하게 요금을 내는 도로가 이스라엘 중앙부를 남북으로 잇는 '6번' 고속도로이다. 남쪽으로 내려가려면 이 도로를 타는 게 가장 빠른 길인데, 이 도로에는 톨게이트 같은 것이 따로 없다. 어디에서 오든 이 도로로 진입하는 지점에 자동판독 카메라가 설치되어 있어서 나중에 요금이 청구되는 형식이다. 텔아비브 시계를 벗어나 조금 달리자 곧 초원과 같은 풍경이 펼쳐지더니 오늘의 첫 목적지인 브에르세바에 가까이 갈수록 점점 사막의 모습으로 변해갔다.

일곱 개의 우물, 브에르세바

브에르세바는 성서에도 여러 번 언급된 매우 오래된 도시이며, '일곱 개의 우물' 또는 '언약의 우물'이라는 뜻이라 한다. 창세기에 아브라함과 아비멜렉 간에 여기에 있는 우물을 두고 맹세하였다고 되어있으니 '언약의 우물'이라고도 할 수 있고, 이사악이 이곳에 일곱 개의 우물을 팠으니 '일곱 개의 우물'도 되겠는데, 하나의 단어로 두 개의 다른 의미를 모두 담을 수 있는 것이 재미있다.

브에르세바는 현재 이스라엘 남부를 대표하는 일곱 번째로 큰 도시이며, '네게브의 수도'라고도 불린다. 예로부터 이스라엘의 영토를 일컬을 때 '단에서 브에르세바까지'라고 하였는데, 브에르세바를 넘어서면 네게브 사막이 펼쳐진다.

브에르세바는 특히 믿음의 조상이라고 일컬어지는 아브라함과 그의 자손 이사악과 야곱에 이르기까지 중요한 활동 무대로 성서에 기록되어있다. 아브라함과 사라가 아들 이사악을 낳은 것이 이 부근이며, 이사악의 아들 야곱이 형 에사우를 속이고 아버지의 상속 축복을 받은 곳도 이곳이다. 야곱은 브에르세바를 떠난 후 천국에 이르는 계단을 꿈꾸었다. 이후 브에르세바는 여호수아, 사무엘, 사울, 엘리야 등 히브리 성서 시대에 살았던 여러 사람의 무대였지만, 나는 특히 이곳에서 '나그네 살이'를 했다고 성서에 쓰여 있는 아브라함에 대해 알고 싶었다.

아브라함, 누구의 조상인가

성서에 따르면 아브라함은 노아의 10세손인 테라의 아들인데, 테라는 아브라함과 그의 아내 사라, 그리고 아브라함의 조카 롯을 데리고 고향 우르를 떠나 가나안 땅으로 가는 도중에 하란에 머물다 거기에서 죽는다. 우르는 지금은 이라크에 속하고, 하란은 터키에 있다. 아브라함의 고향인 우르는 매우 강력하고 부유한 수메르의 성읍 중 하나였다. 수메르인은 고도로 발달한 문명을 이룩했는데 농업, 상업, 수학, 천문학, 예술, 건축, 문학 등이 발달했다.

아버지 테라가 죽은 후 아브라함과 일행은 가나안 땅으로 여행을 계속하고 세켐에 이른다. 세켐은 현재 팔레스타인의 서안지구에 속하는 나블루스이다. 가나안 땅에 심한 가뭄이 들자 그들은 이집트 땅으로 내려가 살다가 아브라함의 아내 사라의 일로 거기서 쫓겨났다. 그들은 다시 가나안 땅의 베텔 근처로 돌아왔으나 불어난 식솔들의 문제로 조카 롯은 지금의 요르단 땅으로 떠나가고, 아브라함 일행은 헤브론 근처의 마므레에 제단을 쌓고 정착한다. 이후 여러 사건에 관계되면서 사해 근방의 여러 도시를 거쳐 브에르세바에 이르기까지 전전하는데, 이 과정 중에 하느님으로부터 이스라엘 민족의 조상이 되고 그 민족이 영원히 살 땅을 주겠다는 약속을 받았다고 한다. 죽은 뒤에는 헤브론의 막펠라 동굴에 먼저 자리를 잡은 아내 사라 곁에 묻혔다.

이슬람의 경우, 아브라함을 '이브라힘'으로 부르고, 정통성이 이사악이 아니라 이스마엘을 통하여 이어진다고 믿는다는 점을 제외한다면 아브라함에 대한 견해가 크게 다르지 않은 것 같다. 이슬람에서 가장 성스러운 성소로 여겨지는 메카의 카바 신전을 세운 사람이 이브라힘이라고 할 정도로 그에 대한 믿음이 기독교는 물론 유대교에 못지않은 것 같다.

그러면 이렇게 기독교, 유대교, 이슬람교 등 세계 3대 유일신 종교에서 모두 믿음의 조상으로 여기는 아브라함은 실제로 존재했던 인물일까? 성서나 쿠란의 기록에 따른다면 기원전 20세기 즈음에 살았을 터인데, 지금까지의 성서고고학 등 과학적 성과에 따르면 실존 인물일 가능성은 사실상 낮다고 보는 전문가가 많다고 한다. 중동지역에 전승되어 온 신화 같은 이야기가 기원전 6세기경 바빌론유배 이후 페르시아 지배 시절에 성서에 삽입되었다는 것이다. 당시 유대 땅에 남아 있던 사람들과 유배에서 돌아온 사람들 사이에 땅 소유권을 두고 분쟁이 일어나면서 역사적인 연고권을 주장하기 위해 삽입되었다고 보는 것인데, 나름대로 설득력이 있어 보인다. 우리의 단군신화를 견주어 본다면 그럴 수도 있겠다는 생각이 든다.

그러면 나는 왜 이 황량한 사막까지 아브라함의 자취를 찾아 나선 것인가. 아브라함의 실존 여부와는 관계없이, 그 후손을 자처하고 있는 사람들이 도저히 이해할 수 없는 이유로 다툼을 지속하고 있는 상황에서, 그들의 시원으로 거슬러 올라가 보면 혹시 이 문제를 해결할 수 있는 작은 실마리라도 찾지 않을까 하는 나의 기대 때문일 것이다.

역사의 퇴적층, 텔브에르세바

우선 고대 문명의 자취가 켜켜이 쌓여 있는 '텔브에르세바'로 갔다. 현재의 브에르세바에서 남동쪽으로 몇 킬로미터 떨어진 곳에 있는 고대 유적지로서, '텔'이란 수천 년에 걸쳐 여러 문명이 일어났다가 사라지고, 그 자리에 또 다른 문명이 발흥해 왔던 자취가 층층이 쌓여 있는 곳을 이르는 말이다.

'텔브에르세바'의 역사는 기원전 4000년경의 청동기 시대로부터 시작되며 필리스타인에 속한 땅이었다. 이후 아브라함 등 족장 시대를 거쳐, 로마와 비잔틴 시대에는 향료길(Incense Road)을 장악한 나바태안에 대한 방어 요새로서 역할을 하였으나, 7세기에 아

랍 세력의 침공으로 파괴되어 버려지게 되었다고 한다.

주차장에 도착하니 이미 버스 몇 대가 정차되어 있다. 매표소에서 이스라엘의 모든 국립공원을 자유롭게 들어갈 수 있는 패키지 티켓을 샀다. 텔브에르세바는 국립공원 중의 하나이면서 유네스코 문화유산으로 지정된 인류 문화의 보물이기도 하다.

안으로 들어가니 일본에서 온 성지순례단으로 보이는 단체관람객들이 인솔자의 설명을 듣고 있다. 조그마한 소리를 경청하며 조심조심 걷는 모양새가 틀림없이 일본사람들이다. 나중에 여기저기에서 만난 다른 나라의 단체 순례객들과 대비되는 좋은 모습으로 기억된다.

텔브에르세바

　일본은 기독교 신자의 비율이 상대적으로 적은데, 동질성을 추구하는 경향이 강한 일본 사회에서 소수자로서 살아가기에 어려움이 없지는 않을 것이다.

　얼마 전에 아내와 오스트리아의 잘츠부르크에 들렀을 때, 한 성당에서 모차르트의 레퀴엠 연주회가 있었다. 나중에 보니 현지 음악가들과 일본에서 온 중년의 남녀합창단이 함께하는 공연이었다. 고베 지역에 있는 교회성가대라고 했는데, 그 연주 수준도 상당하거니와 얼마 되지 않는 기독교 신자들의 공동체가 본고장에 와서 이렇게 당당히 설 수 있다는 것이 놀라웠다. 나와 아내는 그들을 우리

텔브에르세바의 물 저장소 입구

가 지향하는 비전인 '인디라이프'의 모델로 삼았다.

텔브에르세바는 완만한 언덕 위에 자리 잡고 있는데, 언덕 위에 올라 보니 바로 옆으로 헤브론강의 지류가 흐르고 있다. 건기가 시작된 지금은 물이 말라 있지만, 우기에는 분명 많은 물이 흐를 것이다. 사실 텔브에르세바를 포함한 대부분의 고대 유적지는 거의 예외 없이 우물이나 커다란 물 저장소를 갖고 있다. 사막 한가운데에서도 강바닥 아래를 흐르는 지하수를 길어 올리는 우물과 우기 때에 물길을 돌려 저장소에 모아 둔 물이 있기에 사람과 동식물이 오랜 세월 동안 생명을 이어 가고 문명을 발전시킬 수 있었을 것이다.

텔브에르세바의 우물

가장자리에 노란색 들꽃이 예쁘게 피어있는 완만한 황톳길을 조금 올라가면 성문 앞에 오래된 우물이 나타난다. 밑을 내려다보니 꽤 깊어 보인다. 확인할 길은 없지만, 학자 중에는 이 우물이 성서에 기록된 아브라함의 우물 아니면 이사악의 우물 가운데 하나라고 하는 사람도 있다. 사실 여부를 떠나 이 지역이 예로부터 지하수가 풍부했고 이것을 적극적으로 활용한 것은 분명해 보인다.

현재 텔브에르세바의 가장 위층에 남아 있는 유적은 7세기경 비잔틴 시대의 것이고 그 아래로 여러 시대에 걸친 구조물의 흔적이 층층이 쌓여 있다. 유적은 전반적으로 단아한 느낌을 주었다. 성문, 광장, 관공서, 주택, 창고 등 현재 우리가 사는 도시와 흡사한 도시의 형태가 허물어지긴 했어도 뚜렷하게 남아 있다.

이 도시에서 가장 중요한 것은 아마 수리시설이었을 것이다. 텔의 언덕을 조금 내려가면 거대한 물 저장소로 들어가는 입구에 닿는다. 거기에서 경사가 급한 층계를 한참 내려가면 거대한 물 저장소의 안쪽으로 들어갈 수 있다. 이 물 저장소는 사암을 파내어 여러 개의 방을 만들고 이들을 연결한 것 같은 모습이다. 우기에 강의 물길을 이 수조로 끌어들여 비축함으로써 이 성읍에 사는 모든 사람과 가축이 삶을 이어 갈 수 있었을 것이다.

텔을 나와 잠시 차를 몰았는데, 갑자기 생경한 풍경이 나타난다. 연녹색의 잡초가 뒤덮인 나지막한 언덕이 이어지는 들판 한가운데에 일직선으로 뻗은 오르막길이 보인다. 햇빛도 위세를 가라앉혀 뿌연 청회색의 빛을 퍼뜨리고, 허름한 마을 앞 둔덕에는 낙타가 한가로이 풀을 뜯고 있었다. 언덕 아래 풀밭에는 구름 그림자 밑으로 옹기종기 몇 채의 집이 모여 있다.

그 지역은 베두인의 마을이다. 원래 베두인은 사막을 자유롭게 이동하며 목축을 하는 사람들이지만, 이스라엘 정부는 네게브를 베두인에게 온전히 내어 주지 않았다. 대신 그들을 정착시키는 정책을 시행하면서 이런 베두인 마을이 생기게 되었는데, 여기에서 많은 사회적 문제가 일어나고 있다고 들었다. 여기에 사는 베두인들은 지금 요르단에 사는 사람들과 같은 사람들인데, 남들에 의해 자기들이 속한 나라가 달라지면서 운명도 크게 달라져 버렸다.

텔브에르세바 인근의 베두인 마을

근처에는 오래된 아랍인 마을도 군데군데 눈에 띄었다. 한번 아랍인 마을로 들어서니 구불구불하고 낡은 마을 길 사정 때문에 되돌아 나오기 쉽지 않았다. 그렇게 여러 마을을 돌아 벤구리온이 살았던 스데보케르(Sde Boker) 키부츠로 향했다.

스데보케르 키부츠와 벤구리온

스데보케르는 브에르세바에서 미츠페라몬으로 내려가는 길 중간쯤에 있는 키부츠인데, 이스라엘 건국의 아버지 벤구리온이 만년에 머물렀던 곳이다.

텔브에르세바 인근의 아랍인 마을

키부츠는 우리에게는 보통 집단농장으로 알려져 있는데, 유대인의 독특한 시대적 배경에서 생겨난 자발적인 공동체이다. 이러한 공동체가 생긴 것은 이미 이스라엘이 독립하기 이전부터라고 한다. 19세기 말에 이민이 시작된 이후 유대인은 여러 차례에 걸쳐 대규모로 팔레스타인으로 들어왔다. 이들이 불모지와 다름없는 이곳에서 살아가기 위해서는 농업적 기반을 다져야 한다는 인식이 생겼다. 이에 따라 '함께 생산하고 필요에 따라 나누어 쓴다'는 원칙으로 운영되는 사회공동체를 건설하기 시작했는데, 1910년 갈릴래아 호수 남쪽에 세워진 드가니야 키부츠가 최초라 한다.

스데보케르 키부츠 주차장에 내리니 사막의 열기가 후끈하다. 벤구리온이 살았던 집으로 가는 길옆으로는 네게브 사막에 대한 벤구리온의 열정을 짐작할 수 있는 글귀들이 연이어 새겨져 있다. "지혜를 구하는 자, 그가 갈 곳은 남쪽이다", "유대인의 과학적 재능과 연구 능력이 도전해야 할 곳은 네게브이다."

이스라엘의 사막 정책은 '사막을 옥토로'라는 슬로건으로 요약할 수 있다. 이 슬로건은 내 귀에도 익었는데, 이스라엘이 개척자라는 이미지를 갖는데 일조하였다. 이스라엘 건국의 아버지로 불리는 벤구리온이 만년을 네게브 사막의 키부츠에서 지내고 그곳에 묻힘으로써 이 이미지는 더욱 굳어지게 되었다.

다비드 벤구리온은 1886년에 폴란드에서 태어났다. 그의 아버지는 열렬한 시온주의자였으며 그의 집은 마을에서 시온주의 활동의 중심지 역할을 했다. 시온주의를 실현하는 가장 효과적인 방법은 팔레스타인에 정착하는 것이라는 신념을 갖고 20세 때인 1906년에 팔레스타인 땅으로 이민을 왔다. 3년간의 오렌지 농장 노동 경험을 통하여 "진정한 시온주의의 실현은 이 땅에 정착하는 것이고 그 외에는 기만이다"라는 확신이 생겼다고 한다.

1차세계대전 중에 그는 유대독립군에 몸담았으며, 전쟁 후에는 팔레스타인에서 노동운동에 주력했다. 벤구리온의 장점은 뛰어난 조직력에 있었다. 당시 사회주의와 시온주의 사상을 가진 유대인들이 제각기 활동하고 있었으나 그는 탁월한 지도력을 바탕으로 조직을 잘 정비하고 주도권을 잡았다. 이후 벤구리온은 1948년 5월 14일에 이스라엘 독립선언문을 낭독하였고 초대 총리에 취임했다. 그러나 바로 그 다음 날 이집트, 이라크 등 아랍 6개국의 침공으로 전쟁이 시작되었는데, 그는 1년 6개월간 이어진 독립전쟁을 승리로 이끌었다.

벤구리온이 스데보케르 키부츠에 머물게 된 경위에 대해서는 다음과 같은 일화가 전해지고 있다.

벤구리온은 1953년 에일랏에서 예루살렘으로 돌아가는 도중에 어느 사막에서 차를 멈추게 했다. 그곳에는 청년들과 천막이 있었다. 바로 스데보케르 키부츠였다. 벤구리온은 그로부터 6개월 뒤 총리직을 버리고 스데보케르의 일원이 되어 네게브 사막으로 향했다. 그가 이곳에 보낸 편지에는 이런 내용이 담겨 있었다.

"나는 재물이나 학위를 가진 개인이나 단체를 부러워하지 않았습니다. 그러나 당신들을 만났을 때 마음속에 어떤 부러움이 자리 잡는 것을 막을 수 없었습니다. 나는 왜 당신들이 하는 일에 참여할 수 있는 행운을 얻지 못했을까요? "

그는 스데보케르 키부츠의 평범한 일원이 된 뒤 1955년 다시 총리직을 맡았지만 1963년 총리직을 물러났을 때 스데보케르로 돌아와 그곳에서 숨을 거두었다.

벤구리온에게 사막은 '무에서 유를 창조하고, 자주적으로 노동하는 인간'이 스스로를 실험하고 실현할 수 있는 최적의 장소였다. 노동 시온주의 지도자로서 그가 주도했던 건국정신이란 사막에서 꽃을 피우는 것이었고, 그것이 바로 그가 꿈꾸고 주장했던 이스라엘의 정신이었다.

벤구리온이 살았던 집은 키부츠 안쪽의 조그마한 단층 목조 주택이다. 아무도 없어 입구를 지나쳐 들어갔더니 잠시 후 관리인이 나타나 입장료를 내야 한다고 한다. 다시 매표소로 가서 입장료를 내니 어디서 왔느냐고 묻고는 우리말로 된 안내문을 애써 찾아 건네준다.

스데보케르 키부츠의 벤구리온 거처

이스라엘 건국의 아버지로 추앙받는 위대한 인물이지만 책상 위에 놓인 손자 손녀들의 사진을 보니 그의 따뜻하고 사랑이 가득한 할아버지로서의 면모가 이방인에게도 정겹게 느껴진다. 간소한 침실에는 작은 침대와 책 몇 권이 쌓여있는 작은 테이블이 놓여있었다.

소박한 집안에서 특별히 눈에 띈 것은 침실 벽에 걸린 간디의 초상화였다. 간디의 사티아그라하를 무저항주의로 번역하기도 하지만, 사실은 여러 현실적 상황을 고려한 비폭력적이면서도 가장 강력하고 효과적인 저항 수단이었다고 할 수 있다. 마찬가지로 벤구리온은

벤구리온의 침실

시온주의 이민자들이 네게브 사막에 정착함으로써 아랍사람들과의 충돌을 최소화하면서 새로운 나라를 만들 수 있을 것으로 생각했었는지도 모르겠다. 다른 방에는 에이브러햄 링컨의 초상화가 걸려 있고, 책상 위에는 가족들 사진과 함께 아인슈타인의 사진도 올려져 있었다. 이 모든 것들이 벤구리온이 어떤 생각을 하며 일생을 살았는지 대신 말해 주고 있었다.

아랍 사람들이 이천 년 동안 살아온 땅에 벤구리온을 포함한 시온주의자들이 어느 날 불쑥 들어와서 그들을 내쫓고 자신들만의 나라를 세운 것을 잘했다고 할 수는 없다. 그렇더라도 그러한 과정에서 아랍 사람들에게 미안하다는 말이라도 한 정치인은 내가 알기론 벤구리온 뿐이다. 그가 최소한의 보편적 양심과 인간에 대한 사랑을 바탕으로 사안을 판단하고 실행했기에 이념과 가치관의 차이에도 불구하고 지금과 같이 폭넓은 존경을 받는 것 아닌가 싶었다. 우리나라 초대 대통령이 김구였다면 우리 민족의 역사가 어떻게 달라졌을까 하는 생각으로 이어진다.

이스라엘이 사회주의적 가치를 바탕으로 건국되었고, 지금도 사회당과 보수당인 리쿠르당이 번갈아 정권을 담당하고 있으며, 벤구리온이나 라빈 총리같이 이스라엘 국민이나 외국 사람들로부터 폭넓은 존경을 받는 지도자 중에 사회당 출신이 많다는 것도 눈여겨볼 대목이다. 사실 우리나라의 새마을운동도 이스라엘의 키부츠와 모샤브 운동을 모델로 했다고 알려져 있다.

우리가 찾아갔을 때 스데보케르 키부츠는 꽤 한적한 모습이었다. 초기 이스라엘의 인적, 경제적 성장에 키부츠가 기여한 바가 컸지만, 시간이 지나면서 그 역할이 매우 작아졌다고 한다. 이 키부츠도 사막을 개간하여 농토로 만들어 경작하는 일보다는 기념품 가게와 카페 등을 갖추어 관광 사업에 더 관심을 두고 있는 듯이 보였다. 그러나 나중에 안 사실이지만 이스라엘 어디를 가든지 채소와 과일이 풍성하고 품질이 좋은 데 비해 값이 쌌는데, 이후 요르단강을 따라 올라갈 때나 갈릴래아 호수를 한 바퀴 돌 때 거대한 규모로 운영되는 키부츠 농장을 보면서 아직도 키부츠가 이스라엘 사회 전반에 적지 않게 기여하고 있는 것을 확인할 수 있었다.

미츠페라몬 전경

거대한 분화구, 미츠페라몬

에일랏을 향해 남쪽으로 내려가면 황무지 같은 사막 지대가 이어지는데, 저 멀리 언덕으로 이어진 길 양 옆으로 조형 예술 작품 같은 건물들이 빼곡히 들어서 있는 곳이 나타난다, 이 언덕에 오르면 바로 눈앞에 믿을 수 없는 광경이 펼쳐진다. 보통 라몬 분화구(Ramon Crater)라고도 부르는 거대한 분지인데 가장자리는 수백 미터의 깎아지른 절벽으로 둘려 있다. 미츠페라몬은 이 분지를 내려다볼 수 있는 벼랑 꼭대기에 세워진 작은 도시인데, 지금은 명상 프로그램이나 사막 트레킹에 참가하는 사람들로 꽤 붐비는 것 같았다. 절벽 끝 전망대에 서니 뜨거운 태양 볕 아래지만 서늘한 기운이 온몸에 스민다. 천 길 낭떠러지로 둘러싸인 대평원 같은 분지를 내려다보니 우리 지구의 모습 같지 않고 무척 생경하다. 아마 그 모습이 달 표면의 분화구와 같다고 해서 라몬 분화구라는 이름이 붙은 것 같다.

옆으로 저만치 건너다 보이는 절벽 끝머리에 어떤 청년이 걸터앉아 기타를 치고 있다. 아마 온 세상을 다 품은 것 같으리라. 저 친구가 일어서면 그 자리에 앉아보려고 했지만 움직일 기미가 없다.

지금이 오후 3시인데 아침 먹은 뒤로 아무것도 먹지 못했다는 생각에 갑자기 허기가 느껴졌다. 그러나 오늘 국경을 넘어 요르단의 페트라까지 가야 하는 여정을 생각하니, 바로 그 자리를 떠나 차를 몰며 과자 몇 조각과 콜라 한 모금으로 허기를 달랠 수밖에 없었다.

이스라엘 요르단 국경

미츠페라몬에서 에일랏에 이르는 길은 네게브의 속살을 깊이 들여다보는, 생경한 아름다움이 있는 곳이었다. 40번 도로를 따라 한참 달리다 요르단 계곡을 따라 뻗어 있는 90번 도로와 만나는 지점 근처에서는 갑자기 내리막길이 이어진다. 에일랏 방향으로 남쪽으로 계속 내려가다 보면 이즈하크 라빈 국경(Yitzhak Rabin Border)이라는 팻말이 보인다. 이즈하크 라빈은 팔레스타인 측과 평화 협정을 진행해서 노벨 평화상을 받았으나 유대근본주의자에게 암살당한 전직 총리이다. 벤구리온과 함께 국민들에게 가장 존경받는 인물이라고 한다.

라빈은 자신에게 중동평화 정착의 의무가 있다고 여겼다. 6일전쟁 때 가자, 요르단강 서안, 골란고원을 점령한 사람이 바로 자신이었고 점령지역 문제 때문에 이스라엘은 곤란한 상황을 맞고 있었다. 그는 평화를 얻기 위해서는 점령한 영토의 반납이라는 대가를 치를 준비가 되어 있었다. 곪고 있는 상처를 다음 세대까지 물려줄 수는 없었다. 매우 어려운 과정을 거쳐 마침내 1993년 9월 이스라엘의 라빈 총리, 페레스 외무장관과 PLO의 아라파트 의장은 중동 평화협정에 서명했다. 다음 해에 세 사람은 중동평화를 위한 공로가 인정되어 노벨평화상을 받았다. 1994년에는 이스라엘과 요르단 사이에도 평화협정이 맺어졌다. 그러나 평화협정은 평화의 완성이 아니라 평화로 가는 길의 첫걸음이었다. 당사국들은 물론 전 세계의 많은 시민은 평화에 환호했지만, 이스라엘의 극우세력과 아랍의 회교원리주의자들은 평화협정을 반대했다.

1995년 11월 4일 저녁 텔아비브 시청 광장에 모인 10만 명의 군중 앞에서 라빈 총리는 이스라엘과 아랍의 평화가 마침내 도래했다는 요지의 연설을 마친 후 바로 총탄에 맞아 쓰러졌다. 중동평화의 분위기가 무르익자 이에 반대하는 한 이스라엘 극우주의자 대학생이 저지른 짓이었다. 유대인과 아랍인 간의 뿌리 깊은 증오를 종식하고 새로운 평화의 시대를 열기 위하여 애쓰던 평화의 사도는 결국 평화의 순교자가 되었다. 지금 우리도 남북한 간에 평화를 가져오기 위해 애쓰는 사람들이 있는가 하면, 그렇게 되지 못하도록 갖은 방해를 일삼는 사람들도 많다.

우리는 자동차를 국경 터미널 근처의 비포장 주차장에 대놓고 2박 3일 동안 페트라에 다녀오기로 하였다. 처음에는 이스라엘만 돌기로 했었지만 바로 옆에 있는 페트라를 그냥 지나치는 게 너무 아쉽고 또 언제 가게 될지도 모르는 일이었다. 그래서 많은 사람이 하듯이 에일랏에서 출발하는 당일치기 투어도 생각해 보았지만 페트라에서 두어 시간밖에 머무르지 못한다고 해서, 결국 페트라에서 이틀을 지내기로 하였다.

걸어서 국경을 넘는 것은 특별한 경험이다. 이 국경은 전에는 이 지역의 이름을 따서 아라바 국경(Arava Border)이라고 불렀는데, 몇 년 전부터 이즈하크 라빈 국경이라고 바꾸어 부른다. 이것은 이스라엘 쪽 얘기이고, 요르단 쪽에서는 그쪽 도시 이름을 따서 아카바 국경(Aqaba Border)이라 부른다. 사실 이 지역은 홍해가 시나이반도의 동쪽 끝으로 파고 들어온 지역으로써, 이스라엘의 에일랏을 중심으로 동쪽에는 요르단의 아카바, 남쪽으로는 이집트의 타바(Taba)가 서로 이웃하고 있다. 몇 년 전에 우리 성지순례객들이 폭탄 테러로 희생된 타바 국경이 바로 이 이집트와의 국경이다.

이스라엘-요르단 국경검문소는 경계선을 중심으로 약 100미터 정도 떨어져 양쪽으로 이스라엘 측 터미널과 요르단 측 터미널이 있다. 이스라엘 터미널에서 출국 절차를 밟은 뒤 100미터 정도 짐을 끌고 벌판을 걸어가 요르단 터미널에서 입국 절차를 밟는 순서인데, 30분 정도 걸리는 출입국 과정에서 이스라엘과 요르단 두 나라의 본질을 다 알아 버린 것 같은 느낌이 들었고, 이후 두 나라에 머무는 동안 이 느낌이 그대로 현실이 되었다.

이스라엘 터미널은 단출한 컨테이너 막사를 이어 붙여 놓은 모습이다. 공항에서 출국하는 순서와 마찬가지로 보안검색, 출국심사 등을 차례대로 하게 된다. 이곳에서 일하는 사람들은 자기에게 주어진 일을 절차에 따라 제대로 처리하려고 하였으며, 과장된 몸짓을 보이지는 않았으나 절제된 가운데에서도 친절함을 느낄 수 있었다. 이스라엘을 육로로 출국하려면 우리 돈으로 3만 원 정도의 출국세를 내야 한다. 입국세는 없다. 건너편에 있는 요르단도 똑같다. 즉 이번에는 이스라엘에만 내고, 다음에 돌아올 때는 요르단에만 내면 된다.

이스라엘의 경비군인들에게 굿바이를 하고 중간지대에 들어서니 기분이 묘하다. 이론적으로는 어느 나라에도 속하지 않는 말 그대로의 중간지대다. 옆으로는 황량한 광야가 펼쳐져 있고 저 앞에는 요르단 국경이 있다. 자 앞으로 가자.

ברוכים הבאים לישראל اهلا وسهلا بكم في اسرائيل EL

כניסת הולכי רגל
בצד שמאל
دخول المشاة من الجهة
اليسرى
PEDESTRIANS ENTRY
ON THE LEFT SIDE

이스라엘과 요르단 국경의 중간지대

02

요르단의 페트라

페트라 가는 길

요르단 쪽 터미널로 들어서니 의자에 앉아 있던 두어 명의 군인
이 웃으며 "웰컴 투 요르단"하면서 반갑게 맞는다. 그러면서 여권
을 들고 어느 방으로 들어가라고 한다. 그러면서 연신 농담을 던진
다. 몇 개의 방을 옮겨가며 여권에 비자 스탬프를 받았는데, 분위기
가 꼭 우리나라 옛날 동사무소 같다.

요르단 터미널에는 환전소가 있다. 역시 컨테이너 같은 작은 건
물인데 내가 입국 절차를 마치고 찾아갔을 때 주인은 소파에 길게
드러누워 있다가 벌떡 일어나더니 나를 와락 껴안고 양 볼을 비비

며 반가운 체를 한다. 페트라까지의 왕복 택시비와 페트라 입장료 등을 고려해 미국 달러를 요르단 디나르로 환전을 했는데, 이 친구가 좋은 환율로 바꿔주었다는 얘기가 영 믿어지지 않는다. 그래도 내가 알고 있는 환율과 큰 차이가 나는 것 같지는 않아 받아 넣고 나오는데, 또 한참 동안 작별의식을 치러야 했다.

들어갈 때와 마찬가지로 경비병들의 따뜻한 환송을 받으며 터미널 문을 나서자 택시들이 줄을 서서 기다리고 있다. 여러 사람 중에 대장으로 보이는 사람이 다가와 어디로 가냐고 묻기에 페트라라고 대답하니 55 디나르라고 한다. 우리 돈으로 8만 5천 원 정도로 적은 돈은 아니다. 담합된 가격이라는 것을 알고 있기에 깎으려 했더니 옆에 있는 안내판을 가리키며 법정 요금이라고 한다. 이미 담합 구조가 확고한 여기서는 내가 교섭력이 없으니 그대로 따를 수밖에. 배정된 차에 짐을 싣고 이른 아침부터 먼 길을 달려온 우리 몸도 실었다.

택시에 타고 둘러보니 택시의 분위기와 운전기사를 어디에선가 본 듯한 기시감이 들었다. 한참 만에 10여 년 전 가족 배낭여행 때 그리스 아테네에서 만난 택시 기사가 떠올랐다. 그때 그는 모든 면에서 엘비스 프레슬리를 따라 했었다. 얼굴, 선글라스, 머리 모양, 옷, 체형 등 겉으로 보기에 엘비스와 똑같이 보였다. 음악도 엘비스의 노래를 쉬지 않고 틀어 댔다. 운전도 로큰롤의 리듬에 맞추어서

하는 것 같았다, 급정거와 급출발은 물론 일방 통행로에서 거꾸로
달리며 오히려 경적을 울려 다른 차를 쫓아내던 기억이 생생하다.
그것이 나의 그리스에 대한 첫인상이었다.

이 요르단 택시 운전사가 그리스 운전사를 닮았다는 생각에 미치
자 일순 걱정스러운 마음이 들기도 했지만 운전하는 것을 잠시 지
켜보니 그렇게 막무가내는 아닌 듯 보여 창밖 풍경을 즐기며 가기
로 하였다. 그런데 결국 호텔에 도착할 때까지 우리는 이 친구에게
여러 가지로 시달려야만 했다.

얼마쯤 가니 차창 밖으로 석양빛을 받아 주황색으로 물든 바위산
들이 멋지게 나타났다. 와디럼(Wadi Rum)이라는 곳인데 영화 '아
라비아의 로렌스'의 촬영지이다. 고대로부터 중요한 문명의 교통
로였던 '왕의 길(King's Highway)'을 따라 페트라에 도착하니 이
미 늦은 밤이 되었다. 페트라 유적에 붙어 있는 조그마한 도시의 이
름은 와디 무사(Wadi Musa)이며, 호텔이나 모든 지원 시설은 여
기에 있다.

다음 날 일찍 일어난 우리는 호텔 식당 문이 열리기도 전에 앞에
가서 기다렸다. 어제저녁에는 로비에 사람이 너무 많아 잘 보지 못
했는데, 찬찬히 살펴보니 이 지역의 특색을 잘 살려 내부 장식을 했
음을 알 수 있다. 주조는 붉은빛과 황금빛이었는데, 나중에 페트라

에 들어가보니 사방이 온통 이 색깔이었다. 뷔페식 아침은 매우 풍성했다. 중동 음식과 서양 음식이 혼합된 메뉴였는데, 꽤 종류가 다양했다. 어제 제대로 먹지 못한 것까지 충분히 배를 채우고 페트라로 데려다주는 셔틀에 올라탔다.

우리 호텔이 있는 언덕에서 조금만 더 내려가면 바로 페트라 입구였다. 차에서 내려 매표소로 내려가는 완만한 언덕에 가득한 노란 들꽃이 아침 햇살을 받아 반짝이고, 공기는 청정했다.

페트라 입장권은 매우 재미있는 가격 구조로 되어 있다. 우리같이 요르단에서 하룻밤 이상 묵는 사람에게는 1일권의 경우 50 디나르(76,500원, 2018년 초 기준) 인데, 에일랏에서 당일 투어를 오는 사람들처럼 요르단에서 묵지 않는 사람은 90 디나르(137,700원)를 내야 한다, 또 요르단 내국인은 1 디나르(1530원)로 비교할 수 없을 만큼 차이가 난다. 둥그런 원형경기장같이 상가로 둘러싸인 광장을 지나 입구로 들어서니, 말과 마차, 마부가 옹기종기 모여 손님 맞을 준비를 하고 있다. 우리는 당연히 걸어가기로 했다.

페트라 입구에서 시크라 불리는 협곡으로 들어가는 입구까지는 비포장이지만 잘 다져진 넓은 길인데, 말과 마차가 다니는 길과 사람이 다니는 길이 분리되어 있어 걷기에 좋은 환경이다. 평소에도 걷기를 좋아하는 우리는 날아갈 것같이 들떠 발걸음이 가볍다. 아

직 에일랏에서 오는 당일 관광객들이 몰려오기 한참 전이라 사람도
별로 없으니 이보다 좋을 순 없다.

길 양옆으로 둥글둥글한 붉은색 사암의 바위언덕이 이어지는데, 여
기저기에 동굴이 많이 보이고, 사람이 살았던 흔적이 남아있는 곳
도 꽤 있었다. 사실 몇 년 전까지는 베두인이 이 동굴에서 실제 거주
하거나 가축을 길렀다고 한다.

페트라 입구의 오벨리스크툼

시크에 이르기 전에 눈에 띄는 것으로는 오벨리스크 툼(Obelisk
Tomb)을 들 수 있다. 두 층으로 된 거대한 무덤 구조물인데, 윗부

분에 이집트 카르낙 신전의 오벨리스크와 비슷한 조형물 4개가 줄지어 배치되어 있어 그 이름이 붙었다고 한다. 산과 같은 바위 하나를 깎아 파내고 다듬어 이 거대한 유물을 남긴 2000년 전 나바태안들의 의도를 지금 우리가 제대로 이해할 수 없는 것과 마찬가지로 현대에 사는 우리들이 지금 하고 있는 일들도 후세 사람의 눈에는 전혀 이해되지 않는 것이 많을 것이다. 죽은 자의 영을 나른다는 독수리가 오벨리스크 툼 위를 빙빙 돌며 날고 있다.

나바태안과 향료길

페트라는 나바태안 왕국의 도시이다. 나바태안은 성서에 따르면 아브라함의 아들인 이스마엘의 맏아들, 느바욧(Nabioth)의 후손인 것으로 되어있다. 아라비아 지역에 넓게 펼쳐진 왕국을 건설한 것으로 추정되지만 그 경계는 확실하지 않다고 한다. 주로 유향이나 귀금속과 같은 값비싼 상품의 교역에 종사한 것으로 보고 있다. 고대부터 활동했던 것으로 추정되지만 역사 기록에 등장한 것은 기원전 300년경이며, 기원전 100년경부터 기원후 200년경까지 약 300년 정도의 기간에 가장 융성했을 것으로 보고 있다.

페트라는 기원후 106년에 로마제국에 합병되었다. 이로써 왕조는 막을 내렸으나 도시 자체는 로마 치하에서도 계속 융성하였다.

페트라 유적지에 지금도 남아있는 로마가도(Roman Road)도 당시에 건설된 것이다. 그러나 사산조 페르시아의 침공을 받고, 한편으로는 시리아의 팔미라가 새로운 무역로로 떠오르면서 페트라는 쇠퇴하기 시작하였다. 특히 363년에 발생한 지진으로 도시의 많은 건물이 파괴되고 무엇보다도 도시의 생명줄인 수리시설이 붕괴되면서 급격히 몰락하였다.

이후 비잔틴 교회와 수도원이 있는 종교 도시로서 명맥을 유지하였으나, 663년에 아랍이 이 지역을 침공한 이후 완전히 버려지게 되었다.

페트라의 베두인

페트라가 서방세계에 알려진 것은 스위스의 여행가 부르크하르트가 1812년에 이 지역을 여행하면서부터이다.

페트라는 1985년에 유네스코 세계문화유산으로 지정되었으며, 최근에는 세계 신7대 불가사의 중 하나로 선정되기도 하였다. 여기에는 페트라 이외에 중국의 만리장성, 인도의 타지마할, 페루의 마추픽추, 이탈리아 로마의 콜로세움, 멕시코 치첸이차의 피라미드 그리고 브라질 리우의 그리스도상 등 일곱 가지 유산이 선정되었다.

페트라는 나바태안 왕국의 수도이지만, 서울이 대한민국의 수도인 것과는 다른 개념으로 보아야 할 것 같다. 페트라에 남아 있는 많은 유적 대부분은 무덤이며, 여기에 신전, 대극장, 공중목욕탕 같은 공공시설이 일부 남아 있을 뿐이다. 그러면 이 도시의 역할은 무엇이었을까? 고고학자들은 페트라가 나바태안들의 종교적 중심지였을 것으로 판단하고 있다. 넓은 지역에 퍼져 있는 민족이 일 년에 한두 차례 종교적 순례를 위하여 찾아오면, 이때 각종 경기와 공연도 즐기고 행정적 사무도 처리하였을 것이다. 그러면서 사후의 영복을 위해 신전 가까이에 영생을 위한 쉼터를 만들기 시작하면서 현재 수천 개의 무덤이 남아있게 된 것은 아닐까. 그래도 이 도시를 유지하려면 최소한 수천 명이 상주하여야 하고 방문자가 많을 때는 수만 명에 이를 수도 있었을 텐데, 그들을 위한 거주지는 어디에 있단 말인가.

이러한 의문은 그들이 원래 유목민으로서 텐트에서 생활하였다는 생각에 이르면서 간단히 해결되었다. 즉 모든 일상생활은 지금도 베두인의 생활양식에서 보듯이 텐트에서 이루어지며, 공공시설이나 가족 및 집단의 무덤과 같이 붙박이로 있어야 하는 시설만 건축물로 조성한 것이다. 그러고 보니 지금도 페트라 유적 내 여러 곳에 식당이나 기념품을 파는 가게가 있는데 대부분이 텐트로 되어있다.

페트라는 시나이에서 암만을 거쳐 다마스쿠스에 이르는 이른바

페트라의 텐트로 된 상점

'왕의 길(Kings' Highway)'의 길목에 있다. 모세도 이집트에서 탈출하여 가나안 땅으로 갈 때 이 길을 따라갔을 것으로 짐작되며 도중에 요르단강 너머로 여리고가 보이는 느보산에서 생을 마감했다고 전해진다.

유향과 같은 향료나 향신료는 오랜 옛날부터 매우 귀한 교역품이었다. 주로 아라비아 남부에서 생산되는 유향과 인도로부터 들어오는 각종 향신료는 지중해의 항구를 통하여 유럽 여러 곳으로 매우 비싼 값에 팔려 나갔는데, 나바태안들이 이 무역로를 독점하여 막대한 이익을 챙겼다. 이 무역로를 향료길(Incense Road)이라 하는데 페트라는 이 길의 매우 중요한 거점이었고, 지금도 페트라에서 지중해의 가자에 이르는 길의 곳곳에 향료길을 이루었던 주요 도시들의 유적이 많이 남아 있다.

신약성서에는 나바태안에 대한 기록이 거의 없지만, 예수 시대에 이 지역의 나바태안은 로마제국과 어깨를 견주는 강대국이었다고 한다. 현재 이스라엘에 속해있는 아드밧(Avdat), 할루자(Haluza), 마므쉿(Mamshit), 쉬브타(Shivta)와 가자 지구에 나바태안의 향료길의 유적이 잘 남아 있는 것으로 볼 때 헤브론과 자파 이남의 네게브와 가자는 모두 나바태안의 영토에 속하였던 것이 분명해 보인다. 신약성서의 기록자들이 로마제국 내에서의 생존과 전도 이외에는 관심을 더 기울일 여력이 없었는지도 모르겠다.

페트라로 들어가는 입구, 시크

붉은색 환영의 도시, 페트라

페트라 입구에서부터 넓은 길을 따라가다 작은 와디를 건너면 갑자기 높은 절벽이 앞을 막아서는데 칼로 막 잘라 낸 것같은 절벽 사이 틈새로 좁은 길이 나 있다. 이것을 시크(Siq)라 부르는데 그 길이가 1200미터에 이르며 폭이 대개 3미터에서 6미터 정도밖에 되지 않는 좁은 길로서, 양옆으로는 백 미터가 넘는 깎아지른 절벽이 아찔하게 버티고 서 있다. 이 골짜기는 물의 침식으로 만들어졌다기보다는, 일단 지질학적 단층 작용으로 갈라진 틈 사이로 물이 흘러 침식이 진행되면서 현재의 모습으로 만들어진 것으로 알려졌으며, 고대에도 페트라 도시로 들어가는 대상들이 반드시 거쳐야 하는 진입로였다고 한다.

아침 시간의 비스듬한 햇빛이 계곡 안으로 들어오지 못하니 시크는 아직 새벽의 푸르름을 머금고 있었다. 계곡의 틈새로 멀리 바라보이는 절벽의 꼭대기는 찬란한 황금빛으로 물들어 새파란 하늘을

뒤로 두고 반짝이고 있다. 간간이 오가는 베두인과 마차가 천애절벽과 함께 전설 속의 풍경을 만들어 낸다.

계곡 사이로 겨우 난 길을 꿈속에서 걷듯이 얼마간 나아가니, 저 앞에 갈라진 틈 사이로 연분홍빛이 어렴풋이 눈에 들어온다. 한 발씩 조심스럽게 앞으로 갈수록 희미한 윤곽이 조금씩 또렷해져 온다. 알카즈너(Al Khazneh)다. 페트라의 보석, 보물창고(Trea-sury)라고도 부르는 알카즈너는 내가 오래 전에 그림에서 본 신비한 모습 그대로 내 앞에 나타났다. 한동안 멍하니 바라보다가 셔터를 누르기 시작했다.

알카즈너 앞은 넓은 광장이다. 광장의 중앙에는 낙타 몇 마리가 앉아 있고, 가장자리의 벤치에는 그들의 전통 옷을 제대로 차려입은 몇 명의 베두인 청년들이 자리를 잡고 있어, 시크를 통해 들어올 때 환상적인 실루엣을 연출한다. 작은 장신구를 파는 베두인 청년이 아내를 붙들고 흥정을 시작한다. 한참을 웃고 떠들며 밀고 당기더니 이제 흥정이 끝났나 보다. 아내가 조그만 팔찌를 들어 보이더니, 자기 목도리를 풀어 청년에게 주며 그가 쓰고 있는 터번같이 둘러 달라고 손짓 몸짓으로 얘기한다. 청년도 금세 알아듣고는 아내 머리에 멋지게 둘러 주는데, 주변에 있는 모든 사람의 눈길이 쏠린다.

페트라의 알카즈너

알카즈너 앞의 청년들과 낙타

　광장 한쪽에는 소박한 노천카페가 있다. 텐트로 만든 작은 가게 앞에 탁자 몇 개를 내어놓은 허술한 모습이지만 이 페트라의 정경에는 딱 어울린다. 페트라에 오기 전에 자료 조사를 할 때 페트라 안에 있는 상점들에 대해서는 사진도 기사도 보거나 읽은 적이 없다. 그런데 와서 보니 페트라에는 이런 가게가 꽤 여러 곳에 있는데, 경관을 해치기보다는 페트라의 모습을 완성한다는 생각이 들었다. 허술하게 보이지만 마음대로 지어진 것이 아니라 페트라 전체를 관통하는 매우 고도의 디자인 전략에 따라 설계되고 배치된 것으로 보인다.

페트라의 노점

무덤이라기고 하기에는 너무나 우아한 건축물인 알카즈너 앞에서 걸쭉한 터키식 커피 한 잔을 앞에 두고 앉아, 광장을 오가는 사람들과 그 안에 무심하게 앉아있는 낙타의 모습을 오래도록 바라보았다.

나도 그랬지만 보통 페트라라고 하면 시크와 알카즈너가 전부인 것처럼 생각한다. 그러나 페트라는 알카즈너부터 시작이다. 수 킬로미터에 걸친 계곡과 언덕을 따라 셀 수없이 많은 공공건물과 무덤이 들어서 있다. 비스듬하게 햇빛을 받아 자색으로 반짝거리는 거대한 건축물의 벽면에 길게 드리운 협곡의 그림자가 포개지며 기묘한 분위기를 더한다. 서늘한 바람, 따가운 햇볕, 낙타와 당나귀를 타고 간간이 지나가는 베두인 상인과 아이들이 이러한 비현실적인 풍경 속에 들어 있다. 파사드의 길, 노천 대극장, 열주의 길, 대신전 등이 줄지어 선 중앙 큰길을 따라 걷다 보면 작은 시냇물과 만나는데, 여기에서 나지막한 호텔을 오른쪽으로

끼고 돌면 '수도원(Monastery)'이라고 불리는 유적으로 이어지는 황무지 지대로 들어선다.

여기까지 오는 길에 줄곧 같이 온 '동반자'가 있었다. 알카즈너 근처에서부터 줄곧 자기 당나귀를 타라고 조르던 소녀같이 생긴 베두인 소년이었는데, 우리를 앞서거니 뒤서거니 따라오면서 자기 혼자 이것저것 말해주고는 자기 당나귀를 타고 '수도원'까지 가자고 한다. 우리는 걷는 것이 좋아 걸어가려고 하며, 우리도 공부해서 내용을 잘 아니 다른 손님에게로 가보라고 하는데도, 알겠다고 하면서 줄곧 따라오며 똑같이 반복한다. 그런데 귀찮기보다는 귀엽다.

페트라의 노천 대극장

페트라의 당나귀몰이 소년

어디서 배웠는지 영어도 꽤 잘한다. 우리가 시냇물을 건널 때쯤
부터 보이지 않더니, 돌아가는 길에 대신전 근처에서 다른 손님을
태우고 가는 길에 마주쳤다. 우리 때문에 한 시간은 공쳤을 텐데도,
함박웃음으로 아는 체를 한다.

길 가 큰 바위 위에 현지 청년들이 옹기종기 모여 앉아있는 모습
이 종종 눈에 띈다. 시크의 입구에서 본 것처럼 그림의 일부로 연출
된 것은 아니고, 대개 일을 구하지 못해 무료하게 시간을 보내는 청
년들로 보인다. 주변의 다른 아랍 국가들과는 달리 석유도 나지 않
는 나라에서 관광 산업 이외의 산업도 발달하지 않았으니 청년들에
게 돌아갈 일자리가 많이 있을 리 없다. 여기 페트라에서는 당나귀

몰이꾼도, 마차 몰이꾼도, 아마 값싼 기념품을 파는 아이들까지 이미 기득권으로 분류되어야 할지도 모르겠다.

수도원으로 올라가는 길 옆 절벽에는 역시 무덤으로 쓰였을 동굴이 많이 있는데, 그중 몇 개는 최근까지 사람이 가축을 기르며 살았던 흔적도 남아있다. 우리는 그곳을 아파트단지라고 부르고 그 중 마음에 드는 곳 하나를 우리 집으로 삼았다. 큰 동굴 위로 작은 동굴이 얹혀 있는 이층집인데, 사막풀 한 포기가 파사드를 장식한 멋진 집이다. 아내는 집 앞 발코니에 앉아 흐뭇한 미소를 짓고 있다.

돌아오는 길에 아까 갈 때 봐두었던 베두인 가게에서 간단히 점심을

요르단의 청년들

먹기로 하였다. 많이 먹
지 않는 우리 식사량을
고려해서 베두인 스타일
샌드위치 하나와 민트티
한 잔을 시켰다. 그랬더
니 주인이 요즘은 경제
가 어려워 누구나 돈 걱
정을 해서 조금 밖에 안
시킨다고 한다. 그렇다
고, 우리는 가난한 여행
자라고 대꾸하며 웃었는
데, 나중에 가져온 것을
보니 샌드위치는 우리

페트라의 동굴무덤

둘이 먹고도 남을 양이다. 밖에서 보면 허술해 보이는 텐트 같은 가
게는 아랍 정취가 가득한 물품들로 꾸며져 있는데, 미모의 아내도
나와서 일을 거들고는 있지만, 손님 앞으로 다가오지는 않았다. 시
원한 그늘 속에서, 밖에 오가는 전 세계 다양한 인종의 사람들과 낙
타, 당나귀를 바라보고 있으니 영화관에 앉아 있는 느낌이다.

　　페트라에는 나바태안 뿐 아니라 로마나 비잔틴의 유산도 꽤 많이
남아 있다. 특히 북쪽 언덕 비잔틴교회의 유적에서는 비잔틴 특유
의 아름다운 모자이크 바닥과 대리석 조각품들이 발견되었다.

비잔틴 교회의 유적에서 '왕가의 무덤(Royal Tombs)' 쪽으로 발길을 옮기는데, 저 앞에 고삐를 매지 않은 까만 당나귀가 걸어간다. 제 갈 길로 가고 있는 줄 알았는데 무슨 연유에서인지 이 녀석이 앞서 걷고 있던 아내를 따라가 등을 물어버렸다. 아내는 너무 놀라 소리도 지르지 못하고 도움을 청한다. 내가 다급하게 놓으라고 호통을 치니 녀석은 큰 눈을 살짝 내리깔고는 다시 제 갈 길로 간다. 터벅터벅 걸어가는 녀석의 뒷모습이 그렇게 귀여울 수가 없다.

　페트라에는 생각보다 동물이 많았는데, 사람을 태우는 낙타나 말, 당나귀 외에도 이 녀석 같이 자유롭게 돌아다니며 풀을 뜯는 당나귀나 산양, 염소 등도 꽤 보였다. 사막이지만 이 녀석들이 먹을 만큼은 푸른 것들도 꽤 있어 보여, 제일 괜찮은 환경에서 사는구나 싶었다.

페트라의 당나귀

왕가의 무덤 쪽으로 올라가는 언덕길 계단에 대여섯 살쯤 되어 보이는 귀여운 여자아이가 저 만큼 귀여운 새끼 양을 꼭 끌어안고 있다. 아내가 예쁘다며 옆에 주저앉아 몇 마디 건네니, 이 아이 영어가 보통 수준이 아니다. 몇 계단 위에 앉아 소소한 기념품을 파는 아주머니가 제 할머니라고 한다. 사진을 찍자니 자세를 취해 주고는 1달러를 내란다. 해맑게 웃으며 당당하게 모델료를 내라고 손을 내미는데, 주지 않을 수가 없었다.

왕가의 무덤에 있는 우른툼

왕가의 무덤 지역에는 거대한 무덤들이 줄지어 서있다. 그 중에서도 가장 큰 것이 우른툼(Urn Tomb)인데, 파사드에 열주가 늘어선 모습이 로마신전을 연상시킨다. 1세기 후반에 나바태안 왕의 무

페트라 절벽에 활짝 판 장미

알카즈너 앞의 아랍인 부부

덤으로 건설된 것으로 알려졌으며, 도시의 쇠퇴 이후 7세기까지 비잔틴 교회로 사용했던 자취가 남아있다.

알카즈너로 돌아오는 길은 에일랏에서 온 듯 보이는 여행자들로 가득하고, 아침에 아무도 없던 알카즈너 앞 광장도 사람들로 붐빈다. 그중 내 눈을 끄는 광경이 있었다. 앉혀 놓은 낙타들 앞에 히잡을 쓴 여인을 세워 놓고 한 중년 남자가 크게 원을 그리며 빙빙 도는 것이다. 가만히 보니 중년으로 보이는 부인을 세워 놓고 비슷한 나이의 아랍계 남자가 360도로 돌면서 비디오를 찍고 있었다. 아랍 남자도 이런 면이 있나 싶게 다정스러워 보였고, 여자도 행복한 미소를 머금고 있었다.

낙타와 베두인

다시 이스라엘로

　이스라엘 국경까지 가는 택시의 기사는 영어도 어느 정도 통하고 인상도 유순해서 그저께 올 때와는 다르겠다는 기대감이 들었다. 올 때는 밤이어서 아쉬웠는데 오늘은 밝은 시간에 다시 지나가니 멋진 풍광들이 제대로 눈에 들어온다. 고원을 지날 때는 마침 낙타 무리를 몰고 지나가는 '오리지날' 베두인 부자 일행을 만나기도 하였다. 시간도 밤에 올 때 보다는 훨씬 빨리 국경에 도착할 것 같았다.

　그런데 국경 근처에 오니 이 기사가 아까 떠나기 전에 약속한 요금보다 더 달라고 한다. 호텔 수수료와 적당한 팁까지 살펴서 정한 금액이었다. 더 달라는 것을 주지 않으니 내리는데 쳐다보지도 않고, 짐 꺼내는 걸 도와주지도 않는다. 페트라로 갈 때도 택시기사의 이런저런 요구에 시달렸는데 결국 돌아올 때도 마찬가지가 되었다.

　요르단 국경에서 남은 요르단 디나르를 바꾸려고 지난번에 들렀던 환전소로 갔다. 우리나라 돈이 있으면 기념으로 달라는 말을 기억하고 일부러 천 원짜리 한 장을 찾아두었다가 그 친구를 주기로 하였다. 그 친구는 예의 그 과장된 표정과 몸짓으로 반갑게 맞는다. 남은 디나르를 달러로 바꾸어달라고 내밀자 환율을 최고로 해주겠다고 너스레를 떤다. 그런데 돌아온 달러는 내 짐작과 크게 다르다. 종이에 계산서를 써달라고 했다. 주저주저하더니 몇 자 끄적이고 맨 아래 금액에 내게 준 숫자를 맞추어 적어준다. 맞느냐고 했더니 몇 번이나 자기 계산기를 두드려보면서 틀림없다고 한다. 내가 그 계산기를 집어 들고 하나하나 짚어가며 계산해 보니 무려 내가 받은 돈의 반을 더 받아야 했다. 맞느냐고 했더니 이 친구 얼굴이 벌개지며 당황해 하더니 자기가 계산을 잘못했단다. 나머지를 돌려받고 문을 나서는데 이 친구 벌떡 일어나더니 크게 웃으며 "Goodbye my friend." 한다. 이 사람들에게 My friend는 무슨 뜻일까.

페트라의 깜찍한 어린 소녀

홍해에서 사해까지

세 나라가 만나는 국경도시, 에일랏

이스라엘 검문소까지 통과해서 주차장에 오니 우리 자동차가 의
젓하게 기다리고 있다. 사흘만인데 오랜만에 만나는 친구처럼 반
갑다.

에일랏은 역삼각형 꼴인 이스라엘 남쪽 끝에 있다. 에일랏은 홍
해로 통하는 이스라엘의 관문이자 전략요충지이며, 산유국이 아닌
이스라엘이 원유를 들여오는 항구이기도 하다. 그런데 이스라엘의
다른 곳과는 달리 전형적인 휴양도시 분위기를 풍긴다.

　우리가 묵을 호텔은 아카바만이 내려다보이는 깨끗하지만 평범한 아파트단지 한가운데에 있었는데 일반가정집처럼 보였다. 아가씨 혼자 이런저런 관리를 하며 숙소를 운영하는 것 같았다. 이메일로 받은 안내문에는 체크인은 오후 3시부터 9시까지이고, 그 이후에는 체크인이 안 되며 체크인이 되는 시간이라도 사전에 체크인할 시간을 알려 달라고 했었다.

　호텔 예약 사이트에 있는 담당자 이름이나, 보내온 이메일에 있는 대표자 이름이 이 아가씨 이름이었다. 젊은 아가씨의 비즈니스 능력이 보통이 아니라는 생각이 들었다. 짐을 풀고 바람을 쐬러 다시 차를 몰고 나섰다. 홍해 끝자락의 아카바만을 따라 내려가니 저 건너편으로 요르단의 아카바 시내의 스카이라인이 또렷하다. 오후 홍해의 물색은 10여 년 전 우리 가족이 들렀던 이집트 후르가다의

아라바사막 언덕의 아침

물색과 똑같았다. 하긴 이 길로 시나이반도를 따라 계속 내려가면 후르가다의 건너편에 이른다. 바다는 같은 바다이니 색깔도 같을 수밖에. 그런데 얼마 가지 못해서 이 길은 바로 막혀 버렸다. 타바 국경이 있었다. 2014년에 우리나라 성지순례여행자 몇 명이 자살 폭탄테러에 희생된 바로 그곳이다. 차를 되돌려 나오는데 마음이 착잡하다. 무고한 인명을 해치는 테러는 어떤 상황에서도 정당화될 수 없다. 그러나 민주적 절차에 의해 선출된 대통령과 정부를 무력 으로 몰아내고, 이 과정에서 수많은 사람을 살해하거나 투옥한 군 사정부에 대한 최후의 수단으로, 세계인의 이목을 끌어 보려고 죽 음을 불사하며 테러를 일으킨 사람들을 어떻게 평가해야 할지 혼란 스럽다. 우리나라의 경우에도 안중근, 윤봉길 등 우리 국민이 애국 지사로 존경하는 분들에 대해 일본 제국주의자의 후손들은 이분들 을 테러리스트라고 주장하고 있다.

압축된 광야, 팀나 자연공원

오늘은 요르단 국경을 따라 남북으로 길게 뻗은 90번 도로의 남쪽 끝에서 북쪽 끝까지 올라가는 꽤 긴 여정이다. 중간에 들르고 싶은 곳도 팀나 자연공원, 소돔, 마사다, 사해, 엔게디, 쿰란, 요르단강 세례터 등 여러 곳이다.

에일랏에서 사해에 이르기까지, 이스라엘과 요르단 국경을 따라 양쪽으로 늘어선 산들 사이의 분지를 따라 도로가 나 있는데, 이스라엘의 산들은 왼쪽으로 가깝게 나지막하게 서 있는 반면 요르단의 산들은 멀리 높은 장벽처럼 우뚝 솟아있다. 아침 햇살을 받아 이스라엘 쪽의 둥그스름한 낮은 언덕들은 황금색으로 반짝이고, 그림자가 드리운 요르단의 높은 산들은 검푸른 빛으로 장엄하다. 아내는 잠시 차를 세우라고 하더니. 금빛으로 빛나는 언덕을 뛰듯이 올라가 환호한다.

사실 이 지역엔 세계에서 가장 오래된 구리광산이 있다. 6천년전에 채굴이 시작된 곳으로, 기원전 13세기경 이집트 람세스왕의 시대에는 거대한 광산도시가 들어서기도 하였다고 한다. 당시로서는 구리가 문명을 일으키는 첨단 물질이었을 테니 이 지역을 실리콘밸리의 원조로 부를 수도 있겠다.

솔로몬의 기둥

    사실 팀나 자연공원 안에 있는 유명한 볼거리 중에 솔로몬의 기둥
(Solomon's Pillars)이라는 큰 바위기둥이 있는데, 이 지역에 있는
구리 광산을 유대인들이 존경해 마지않는 솔로몬 왕이 개발한 것이
라고 믿고 그렇게 이름을 지었다고 전해진다. 그런데 이후 고고학
적 발굴로 이곳의 모든 역사적 유물은 이집트 고대 왕조의 것임이
밝혀졌고 지금은 공원 내 곳곳에 이집트의 유적임을 밝히는 안내판
이 세워져 있다. 솔로몬의 기둥을 오른쪽으로 돌아가면 이집트 하
토르 여신의 신전 유적과 이 여신에게 제를 올리는 람세스 3세의 모
습을 새긴 벽화가 남아있다.

구리광산이 이집트 유적임을 가리키는 표지

    팀나 자연공원은 큰 산을 여러 개 묶어놓은 크기의 자연공원이다. 미국 애리조나나 유타의 광활한 광야 같은 풍경도 있고, 그랜드 캐넌의 깎아지른 절벽과 같은 경관도 있다.

    이런 황량한 풍경은 아내가 무척 좋아하는 곳이다. 아내는 거친 돌로 덮인 언덕을 숨차게 올라가 환호하는가 하면, 하얀 모래사막에선 신발을 벗어들고 따가운 모래의 감촉을 즐기기도 했다. 물이 흘렀던 자국이 선명한 와디에서는 그 흔적 위에 자기 발자국을 남기기도 하며 혼자 즐겁다.

팀나 자연공원의 황량한 풍경

　팀나에는 유대교 성전이 지어지기 이전의 성막을 재현해 놓은 곳이 있다. 가장 고증이 잘 되어 있다고 해서 들러 보고 싶었다.

　구약성서에서는 하느님과의 관계를 유지하고 발전시킬 수 있도록 하느님이 이스라엘에 두 가지의 선물 즉 성막과 제사를 주었다고 하였다. 희생제물을 통한 제사는 거의 모든 종교에서 찾아볼 수 있는데, 여기에는 신에 대한 인간의 선물이라는 의미가 담겨 있다. 그러나 이스라엘의 경우는 좀 달랐다. 그들에게 제사란 당신 백성을 위한 하느님의 선물이었다. 자신들이 치러야 할 희생을 짐승들이 대신 치렀던 것이다.

신약성서에서 예수는 완전한 속죄 제물로 묘사되고 있다. 예수가 희생함으로써 인간의 죄를 완전히 없애고 거룩하게 한 것이라는 것이 기독교 핵심 사상 중의 하나일 것이다. 성막은 자유 관람이 아니라 반드시 가이드의 설명을 들어야 한다. 우리 일행은 폴란드에서 온 가족 몇 명, 미국에서 온 젊은 커플, 이스라엘 가족 몇 명 등이었다. 우리가 한국에서 왔다니 이 아주머니 가이드가 얼마 전에 뉴질랜드에 갔다 오면서 서울에서 이틀을 지냈는데 무척 좋았다고 했다. 이스라엘에 올 때 비행기 옆자리에 앉았던 아주머니와 똑같은 얘기다. 혹시 우리와 같은 비행기를 타고 온 일행 중 한 명이었는지도 모르겠다.

팀나 자연공원에 복원해 놓은 성막

가이드는 히브리어와 영어로 번갈아 구약시대의 성막에 대해 설명을 마치고는, 이스라엘 가족을 내보낸 뒤 외국인들은 좀 남아있으라고 하였다. 영어로 다시 설명을 하는데 좀 전에 했던 것과는 완전히 다른 내용이다. 이 성막이 오랜 옛날부터 예수 그리스도의 탄생과 죽음, 그리고 부활을 상징하는 것들로 가득 채워져 있다는 것이다. 자기는 원래 미국에서 핵물리학을 공부했는데, 성서를 공부하면서 이 성막에 그러한 신비가 분명히 숨겨져 있는 것을 알았다고 했다. 이런 종류의 얘기는 나도 별 관심이 없지만, 아내는 더 질색이다. 우리는 슬며시 그 자리를 빠져나왔다.

성막 안에 있는 '약속의 궤'의 모형

소돔, 분노인가 사랑인가

　성서 속의 소돔이 정확히 어디인지 알 길이 없지만, 후세 사람들
은 그럴듯한 장소를 찾아냈다. 사해 남서쪽 끝 즈음에 소돔산이 있
고, 이 산 귀퉁이에 '롯의 아내(Roth's Wife)'라고 부르는 바위가
있다. 창세기의 소돔과 고모라에 대한 하느님의 심판 이야기에 나
오는 내용과 분위기가 맞는다. 언덕에 올라서서 뒤를 돌아보다가
굳어 돌이 된 롯의 아내나, 돌이 뜨겁게 끓어 오른 흔적이 생생한 소
돔산의 피어오르는 불꽃 같은 바위들은 성서에서 묘사하고 있는 모

습 그대로이다.

구약성서에 쓰여있는 대로 소돔이 멸망하게 된 경위를 되돌아보자. 하느님이 아브라함을 불러 소돔과 고모라의 죄악이 한계에 이르렀으니 단죄하겠다고 했다. 아브라함은 의인 50명이 있으면 용서해 달라고 하였으나, 그 수가 10명으로 줄었어도 그만큼의 의인을 찾을 수 없었다. 이에 따라 천사들은 롯에게 가족을 데리고 이곳을 떠나라고 전하면서 도피 중에 절대 뒤를 돌아보지 말라고 당부한다. 이어 유황과 불덩어리가 쏟아져 소돔과 고모라는 완전히 파괴되었다. 이 과정에서 롯의 아내는 궁금함을 참지 못하고 뒤를 돌아보는 바람에 그대로 굳어져서 소금기둥이 되었다. 롯의 아내가 이렇게 되자 롯의 두 딸은 가문의 대가 끊길까 염려하여 부친을 술에 취하게 한 후 관계를 가졌고, 이렇게 해서 모압과 암몬족이 탄생하였다고 되어있다.

성서의 이 이야기는 지금도 이해하기 어려운 대목이다. 적어도 3천년 전에 살았던 사람들의 의식 세계에서 나온 것들이니, 21세기에 살고 있는 우리가 그대로 받아들이기 어려운 것은 당연하지만, 몇 가지 근본적 질문은 그대로 남는다. 죄란 무엇인가. 하느님의 공의는 무엇인가, 하느님은 인간을 사랑하는가. 끓어오르다 그대로 식어버린 자취가 선명한 소돔산의 바위 절벽 아래에서, 하느님의 경고를 무시하여 돌이 된 '롯의 아내'를 하염없이 올려다보았다.

94

마사다 요새

함락되지 않은 요새, 마사다

사해는 평균해수면으로부터 400여 미터 아래에 있는 지구상에서 가장 낮은 지역이다. 지금의 요르단강을 따라 양쪽의 단층이 벌어지면서 생긴 틈에 강도 생기고 호수도, 바다도 생긴 것이라고 한다. 꺼지지 않은 땅 중에는 사방이 높은 절벽으로 둘러싸이고 정상은 큰 테이블같이 넓은 평원으로 된 지형으로 남아 있는 곳이 많다. 유대인들의 독립심과 투쟁 의식을 고취하는 성지인 마사다도 그 중

마사다 절벽 위의 평원

하나다. 마사다 정상부의 높이가 해발 400여 미터이므로 해수면 아
래로 400여 미터인 사해 연안에서 마사다를 오르려면 급한 경사를
800여 미터 올라가야 하니, 천혜의 요새라 할 만하다. 지금은 케이
블카가 놓여있다.

　마사다의 정상은 평평하고 남북이 약 600미터, 동서가 약 300미
터, 전체 둘레가 1300미터로서, 아래에서 보는 것보다 의외로 넓어
서 사람들이 충분히 거주할 만한 공간이다. 헤롯 대왕은 천혜의 자
연 지형을 갖고 있는 이곳에 난공불락의 요새를 건설하였는데, 마
사다 요새의 가장 큰 난제는 물과 식량의 보급이었을 것이다.

마사다에 있는 여러 개의 저장창고는 상당량의 비상식량을 비축할 수 있었다. 헤롯 대왕이 비축한 식량은 포도주, 기름, 대추야자 등이며 나중에 예루살렘 함락 후 열심당원들이 마사다로 피신하였을 때까지 충분한 양이 남아 있었다. 건조하고 깨끗한 공기 덕분에 이후 로마군이 요새를 점령했을 때까지도 신선도를 유지하고 있었다고 한다.

마사다의 저장소 유적과 물항아리

　마사다의 황량한 주변을 둘러보면 그곳에서 물을 얻는다는 것은 거의 불가능한 일로 보인다. 유대 광야는 우기인 겨울이 되면 메마른 와디에 물이 흐른다. 마사다의 서쪽 골짜기로 흘러내리는 빗물은 댐으로 모이고, 다시 여기에 모인 물을 길어 회반죽으로 방수처리를 한 물 저장소에 보관했다. 마사다에는 물 저장소가 무려 12개가 있으며 이곳에 물을 모두 채울 경우 4만 톤에 이르는 엄청난 양이 모이게 된다고 한다.

헤롯이 이런 요새를 만들게 된 데는 두 가지 이유가 있었다고 전해진다. 헤롯은 사실 순수한 유대인의 혈통이 아니었으며 거기에 대해 늘 열등감을 가지고 있었다. 유대인들이 혹시라도 자신을 몰아내고 다른 왕을 세우지 않을까 하는 두려움을 갖고 있었다. 또 다른 면에서 헤롯은 이집트의 클레오파트라를 경계해야만 했다. 당시 야심 많은 클레오파트라는 연인인 안토니우스에게 이스라엘을 자기에게 달라고 요구하고 있었다. 안토니우스의 말 한마디에 모든 것이 어떻게 변하게 될지 모르는 상황이었으므로 헤롯은 여기에도 대비하여야만 했다. 이러한 이유로 헤롯은 난공불락의 마사다 요새를 건설했다고 한다.

그러나 정작 헤롯은 이 요새를 쓸 일이 없었고, 요새는 나중에 반로마항쟁의 마지막 보루로 쓰였다. 유대인들은 로마에 대항하여 전쟁을 하는 것이 이스라엘의 국권 회복을 앞당기는 것으로 생각했다. 그러나 전쟁은 참담하게 실패했고, 그 결과 유대인들이 고향에서 쫓겨나 2천년동안 전 세계를 떠도는 계기가 되었다.

로마군이 쌓아올린 비탈길을 따라 마사다로 오르는 행렬

　반란군의 지도자였다가 로마에 투항한 역사가 요세푸스가 전한 마사다 요새에서 벌어진 전설 같은 얘기의 경위는 다음과 같다.

　약 4년간의 전쟁 끝에 예루살렘성은 함락되었고 서기 70년에 예루살렘성전은 불타버렸다. 남은 사람들은 마사다로 피신하여 로마에 계속 저항했다. 72년에 로마의 플라비우스 실바 장군은 로마 10군단을 동원하여 마사다 주위로 8개의 진영을 설치하고 포위망을 좁혀 들어갔다. 당시 마사다 요새에는 12개의 물 저장소가 있어서 물도 식량도 풍부했으나, 천 명도 안 되는 유대인이 만 명이 넘는 세계 최강 로마군과 맞서 싸워 이긴다는 것은 상상할 수 없는 일이었다. 그러나 수백 미터 절벽 위에 몸을 숨기고 결사

항전하는 요새를 함락시키는 것은 그리 만만한 일은 아니었다. 결국, 로마군은 마사다의 서쪽 계곡을 메우고 요새로 올라갈 수 있는 경사로를 만들기로 했다. 통나무와 자갈을 다져 만든 경사로는 7개월에 걸쳐 완성되었다. 로마군은 이 경사로를 타고 올라 공격을 하기 시작했고 전세가 호전되는 것을 보며 다음날 총공격을 하기로 한 후 진영으로 돌아갔다. 마사다에서 필사적으로 저항하던 유대인들은 이제 더는 승산이 없다는 것을 알았다. 내일이면 로마군에게 함락될 마사다의 유대인들에게 구차한 삶을 지속할지 아니면 깨끗한 죽음을 택할지 선택의 순간이 다가오고 있었다. 그들은 마사다의 모든 주민을 모으고 남자들은 먼저 가족의 목숨을 끊었다. 그리고는 각자 처자식의 시체 옆에 누워 제비로 뽑은 열 명이 목을 베기를 기다렸다. 제비 뽑힌 열 명은 자신들도 마찬가지로 다시 제비 뽑힌 마지막 한 사람에게 죽었으며 이 마지막 사람은 자결하였다. 이 죽음의 현장에서 두 명의 여인과 다섯 명의 어린이만이 지하 동굴에 몸을 숨겨 죽음을 면했다.

위에 인용한 이야기는 이미 널리 알려진 것이지만, 내게는 여러 가지 의미로 다가온다. 당시 로마는 최강의 군사 강국이었는데, 이를 상대로 유대인들이 독립전쟁을 일으키고 몇 년간이나 잘 버텨냈다는 것은 실로 놀라운 사실이다. 하긴 그 200여 년 전에 유다 마카비 가문이 마케도니아의 후예인 시리아의 셀레우코스 제국에 저항하고 마침내 독립을 쟁취하여 하스모니안 왕조를 세운 적이 있었다. 유대인들은 로마에 대해서도 이것이 가능하다고 보았던 것인가.

예수를 새로운 시각에서 조명한 책 '젤롯'에 따르면 예수 시대 전후로 상당히 많은 반로마, 반기득권 저항운동이 격렬하게 일어났는데, '예수 운동'도 이러한 저항운동 중의 하나라고 설정하고 있다. 마지막까지 마사다에 남아 저항하다 자결한 사람들은 열심당원(또는 열혈당원, 젤롯, Zealot)으로 부르던 사람들인데, 신약성서에는 예수의 열두 제자 중에 '열심당원 시몬'이 있다고 하였다. 그러나 역사에 따르면 열심당은 예수 사후에 만들어진 조직이므로 열심당원인 시몬이 예수의 제자가 되었다기보다는, 예수의 제자 시몬이 예수의 사후에 열심당원이 되었다고 보는 것이 맞지 않을까 싶다. 사실 모든 신약성서가 예루살렘성전의 파괴와 마사다의 함락 이후에 쓰인 것이니 그럴 개연성이 커 보인다. 시몬이 마사다에서 싸우다 죽었다고 단언할 수는 없지만, 최소한 반로마 항쟁에 가담하였다는 것은 분명하고, 결국 마사다에서 목숨을 끊은 사람들과도 깊은 유대를 갖고 있었을 것이다. 그렇다면 마사다도 예수와 이어지는 한 가닥 인연이 있다고 하겠다.

중요한 것은, 열심당을 포함하여 유대 반란군이 갖고 있던 무력은 보잘것없었는데, 강력한 로마군대에 맞설 수 있었던 무기는 무엇이었을까 하는 데에 있다. 그것은 '하느님의 나라'가 아니었을까.

비탈길을 걸어 마사다 요새에 오른 이스라엘 청소년들

분명 정의가 넘치고, 약한 자가 보호받고, 가난한 자가 보상받는, 하늘의 뜻이 그대로 이 땅에 이루어지는 '하느님의 나라'에 대한 갈망과 그것을 실현하고자 하는 열정이 모든 두려움을 떨쳐버리게 하였을 것이다.

마사다 요새는 사방 어디를 둘러봐도 조망이 시원한 절벽인데, 자세히 보면 개미 떼 같이 줄을 지어 언덕을 기어오르는 사람들이 보인다. 옛날 요새를 공격하기 위해 로마군이 만들고 올랐던 길을 지금은 거기에 맞서 죽음으로 항거하던 유대인들의 후예가 땀을 흘리며 오르고 있다. 그들도 역시 '하느님의 나라'를 찾으려 하는 것인가. 유대인들은 지금도 마사다에 오르며 그날을 기억하고 다짐한다고 한다.

"마사다는 다시 함락되지 않을 것이다."

다시 뜨는 바다, 사해

마사다에서 여러 생각이 꼬리를 물었지만, 절벽 끝에 서서 저 아래 펼쳐진 사해를 바라보며 맞는 서늘한 바람에 상념은 모두 흩어져 버린다. 마사다 요새를 내려와 사해 바다로 갔다.

사해는 요르단강의 종착지이다. '요르단'은 '단 지방에서 흘러 내리는 강'이라는 의미라고 한다. 북쪽 헤르몬산에서 발원한 요르단강은 단을 지나 갈릴래아 호수에 도착하여 잠시 머문 뒤 다시 요르단강을 따라 남쪽으로 흘러 사해에 이른다.

검푸른 사해와 하얀 소금띠

　　요르단강은 수만 년 전에 지각이 무너져 밀고 들어가면서 형성된 계곡을 따라 흐르는 강인데, 세계에서 수면이 가장 낮다. 북쪽의 갈릴래아 호수는 해수면 아래 215미터이고 사해는 해수면 아래 410여 미터나 된다. 1960년대 이후 이스라엘 사람들이 갈릴래아 호수와 요르단강의 물을 농업용수로 많이 끌어 쓰면서 사해로 흘러 들어오는 물도 자연히 줄게 되었다. 뜨거운 태양열로 증발하는 양에 비해 유입되는 양이 줄어들면서 사해의 소금 농도도 점점 높아지고 있어 일반적인 염도의 6배 정도인 30퍼센트에 달한다고 한다. 사해 바닷물에 포함된 풍부한 미네랄은 피부 질환에 효능이 있는 것으로 알려졌다. 이에 따라 사해의 진흙으로 만든 화장품은 여행자들이 많이 찾는 특산품이 되었다.

엔게디 비치는 비탈길을 한참 걸어 내려가서 있었다. 지금껏 내 힘으로 물에 떠본 적이 없는 나로서는 겁이 났지만, 사해에서조차 물에 들어가지 않을 수는 없었다. 해변에서부터 천천히 몸을 낮추어 뒤로 누워가며 들어가니 자연스럽게 뜬다. 마냥 신기했다.

사해에서 물에 뜨다

다리를 죽 뻗고 팔도 힘껏 내밀어본다. 어릴 때 사진에서 보던 그 모습대로 해보았다. 책을 읽는 모습이면 더 좋았겠다. 바닥에는 소금 덩어리가 널려 있다. 바닷물을 아주 조금 찍어 혀에 대보니 쓰디쓰다. 바다에서 나와 샤워장으로 올라가는 중에 팔다리에는 벌써 소금이 부옇게 올라온다.

엔게디 협곡

광야의 낙원, 엔게디

엔게디는 성서에도 여러 차례 언급된 곳인데, 사막 한가운데의 아름다운 오아시스로 묘사된다. 이곳은 다윗과 사울의 일화로도 유명하며, 그런 연유로 이곳에 다윗 샘과 다윗 폭포도 있다. 엔게디 계곡을 따라 계속 올라가면 절벽 위에 넓게 펼쳐진 유대 광야에 이르게 되지만, 우리는 중간쯤의 다윗 폭포까지 올라갔다. 폭포는 절벽에서 급히 떨어져 내린 후 작은 시내를 이루고 있었다. 온통 붉은 빛의 황무지 한가운데에 살아있는 풀과 나무가 물길을 따라 우거져 있는 풍경은 사해 주변의 더위와 갈증에 지친 사람들에게는 낙원으로 여겨졌을 것이다. 폭포 아래에는 웃고 떠들며 노는 아이들

106

이 가득하지만, 거의 다 벗고 즐기는 어른들도 꽤 눈에 뜨인다. 나무 그늘 밑에는 오랫동안 깊은 포옹을 풀지 않고 있는 커플도 보였다.

다윗 폭포

이스라엘 사람들은 다윗을 무척 좋아하는 것 같다. 아마 이야기의 주인공으로 갖추어야 할 모든 요소를 갖추었기 때문일 것이다. 다윗은 하느님으로부터 왕으로 선택되기도 하였지만 이로 인해 사울 왕으로부터 끝없이 살해 위협을 받았다. 하느님의 충직한 종이면서도, 남의 아내를 빼앗는 등 실수도 많이 하였고, 만년에는 믿었던 자식이 반란을 일으키는 것을 지켜보아야 하기도 했다.

엔게디 협곡의 독수리

　다윗은 골리앗과의 유명한 결투 이야기에서 알 수 있듯이 용맹한 전사이기도 했지만, 하프를 켜며 시를 읊는 매우 감성적인 면모도 갖추었으니, 가히 대중의 관심과 사랑을 받을 만한 슈퍼스타의 자질을 고루 갖추었다고 볼 수 있겠다.

　그런 다윗이 혹시 자기 왕위를 노리지 않을까 염려한 사울 왕은 그를 경계하는 고삐를 늦추지 않았다. 사울 왕은 다윗을 해칠 기회를 노리며 집요하게 뒤쫓았고 결국 다윗은 광야로 들어가 몸을 숨길 수밖에 없었다. 다윗이 사울 왕을 피해 이 엔게디 계곡에 숨어있을 때 이를 알고 쫓아온 사울 왕이 그만 지쳐 잠이 들어버렸다. 마침 이를 발견한 다윗이 그 목숨을 빼앗을 수 있었지만 살려 보내주었다는 이야기가 구약성서에 기록되어 있다.

붉은색의 절벽 여기저기에 크고 작은 동굴이 뚫려 있고 절벽 위 검푸른 하늘에 독수리가 빙빙 돌며 날고 있는 광경은 그 이야기에 사실성을 부여한다.

엔게디 계곡에서 나와 사해를 오른쪽으로 두고 90번 도로를 따라 북쪽으로 올라갔다. 사해 해변은 대개 급경사 언덕이기 때문에 도로는 사해를 굽어보는 높은 언덕을 가로질러 나 있다. 하얀 소금의 띠가 파란 바다와 육지의 경계를 분명히 가른다.

이스라엘 땅과 팔레스타인 서안 지구의 경계에 검문소가 있었다. 국경이라면 양쪽 나라가 나누어 함께 지키는 것이 당연한데 여기에 팔레스타인 사람의 흔적은 없고 오직 이스라엘 군인들만 경계를 서고 있다. 우리는 아무런 검문도 받지 않았다.

쿰란의 정결례 수조

성경의 재발견, 쿰란

사해의 북쪽 끝 즈음에 쿰란 유적이 있다. 현대의 고고학 발견 성과 중에서 중요한 의미가 있다고 평가되는 사해사본이 발견된 곳인데, 예수 시대 유대교의 3대 분파 중 하나인 에세네파의 본거지였다고 한다. 성전 권력을 부당하게 빼앗긴 제사장의 후예들이 유대교의 본질로 돌아가자고 외치며 공동 은둔생활을 해왔는데, 세례자 요한이 이 에세네파와 깊이 연관되어 있다고 보는 견해가 많다. 실제 이 유적지에서 가장 흔히 볼 수 있는 유적은 정결례를 치르던 수조였다.

예수가 세례를 베푸는 의식을 세례 요한으로부터 배웠고, 이것이 에세네파로부터 비롯된 것이라면, 예수는 마사다의 주인공 열심당원 젤럿과 쿰란의 주인공 에세네파 모두와 연결되었을 수도 있겠다. 이 둘이 의미했던 바는 달라 보이지만 둘 다 '하느님의 나라'를 찾아 갈구했다는 점에서는 같다. 젤럿이 찾고자 하는 하느님의 나라는 로마의 속박에서 벗어나 독립을 이루고, 대제사장을 비롯한 독점 기득권 세력을 분쇄하여 이스라엘의 전통에 따라 모든 사람이 평등하게 잘 사는 세상이었을 것이다. 다른 한편으로 에세네파는 당시 이스라엘 민족이 겪고 있는 고통은 이 민족이 타락하여 많은 죄를 지은 데서 비롯되었으니 이를 진정으로 회개하고 하느님께 돌아가 경건한 생활을 하면 하느님께서 구원해주실 것으로 믿었던

사해사본이 발견된 쿰란골짜기의 절벽과 동굴

것 아닐까. 예수가 생각하는 '하느님의 나라'는 어떤 것이었을까.

에세네파는 로마군이 침공해 오는 것을 알고 그들이 수집, 필사, 연구하고 있던 모든 문서를 뚜껑이 있는 긴 항아리 여러 개에 담아 자기들 공동체에 가까운 절벽에 나 있는 자연동굴 여러 곳에 나누어 숨겼다. 그 직후 공동체는 로마군에 의해 파괴되었으나 그들이 남긴 이 문서는 1900년을 견디고 베두인 양치기에 의해 세상에 다시 살아 나왔다. 우리는 여기에서 발견된 문서의 원본 일부를 나중에 예루살렘의 이스라엘 박물관에서 볼 수 있었다.

이렇게 발견된 문서를 사해사본이라 하는데, 그 이전에 알려진 가장 오래된 성서 필사본 보다 무려 700년이나 앞선 것이며, 빠진 것 없이 완벽한 형태로 남아 있어, 지금까지 통용된 히브리 성서의 내용이 올바르게 전승되었다는 것을 입증하는 중요한 증거라고 한다.

쿰란 동굴에서 발견된 사해 사본이 히브리어 성서의 진본성을 입증해 주었다면, 신약성서의 경우는 어떠했을까. 쿰란 문서와 마찬가지로 이집트 마그함마디에서도 1945년에 많은 고대 문서가 발견되는데, 여기에 '도마 복음'이라는 경전이 포함되어 있다. 또한, 1970년대에는 이집트에서 '유다 복음'이라는 것도 발견되어 2006년에 내셔널지오그래픽에 의해 발표된 일이 있기도 하다. 이외에 베드로 복음, 마리아 복음이라는 것도 있다. 그런데 이런 것들은 공식적으로 성서로 인정받지 못하고 외경 또는 위경으로 치부되고 있다. 이 중에는 특정 분파가 자기들이 믿고 있는 바에 따라 사실을 왜곡하거나 창작을 했을 수도 있으며, 이 경우는 당연히 위경으로서 논외로 해야 할 것이다. 그런데 정경을 채택하는 시점에 교리의 방향성을 미리 정해놓고 특정한 이념을 강제하기 위하여 취사선택을 했다면 이에 대해서는 그동안의 연구 성과를 바탕으로 더 넓은 시각으로 다시 접근해 보는 것이 타당해 보인다. 다른 것은 잘 모르겠으나, 도마 복음은 상당히 신빙성이 있어 보이고 그 의미도 남다르게 다가온다.

우리 주변에서 쉽게 비교해 볼 수 있는 종교로서 불교와 기독교가 있다. 하나는 인격신보다는 우주를 관통하는 진리를 찾아 깨우치는 수행 종교의 모습을 갖고 있고, 다른 하나는 삼위일체를 이루고 있는 유일신을 믿고 따르는 모습을 갖고 있는 본질적 차이에 기인한 것이겠지만, 그 관용의 폭에 있어 커다란 차이를 느끼게 된다. 불교의 경우 현재 세계적으로 남방불교, 동아시아불교, 티베트불교 등으로 구분할 수 있고, 조금 더 들어가면 셀 수 없이 많은 종파가 있다. 이 각각의 종파마다 중요하다고 생각하는 경전을 만들어 그 경판의 수가 8만을 넘는다. 조금만 들여다보아도 그들 사이에 내용과 형식 모두에서 큰 차이가 있다는 것을 쉽게 알 수 있다. 그런데 그들 사이에 서로 이단이라고 손가락질하며 싸우는 것을 본 기억이 없다. 물론 재산을 노리고 이전투구 하는 것은 예외로 해야 하겠다. 그런데 기독교의 경우는 어떤가. 표준 성경 몇 개와 표준 신앙고백 문항을 정해놓고 이것 이외의 모든 것은 절대 믿어서는 안 되는 이단이라고 배척한다. 초기 기독교에서는 다양한 의견들을 개진하며 토론하고 경쟁했던 것으로 알고 있다. 이런 중에 로마 황제의 명에 의한 공의회를 통하여 올바른 신앙과 그릇된 신앙이 명백히 나누어질 수 있도록 표준 성경이 선정되고 신앙고백이 만들어졌다. 가톨릭을 포함한 기독교계가 보여주고 있는 여러 가지 문제를 마주하고 있는 지금, 이러한 과정에 대해 다시 되짚어 보고, 예수가 진정으로 가르치고자 했던 것이 무엇이었는지에 대해 더 깊이 성찰해야 하는 것이 아닌가 하는 생각이 든다.

나는 기독교의 편협함이 유일신을 믿어온 유대교로부터 비롯되었다고 생각해 왔다. 그러나 최근 유대교에 대한 책을 읽고 이스라엘에서 유대교 신자들을 만나 본 이후 이것이 나의 편견임을 알 수 있었다. 유대교가 야훼 하느님 한 분만을 믿는 유일신 종교인 것은 맞지만, 역사적으로 그 안에 매우 다양한 분파가 존재해 왔으며, 오랜 디아스포라를 거치면서 그 본질조차 상당히 변화해 왔다는 것을 알게 되었다. 현재 유대교의 보편적 믿음은 할례와 같은 민족적 특수성에 기인한 전통 몇 가지를 제외하고는 가톨릭을 포함한 기독교의 것보다 오히려 진보적이고 보편적이라고 보일 정도였다.

결국, 현재의 기독교는 4세기 로마 제국의 정치적 사회적 필요 때문에 인위적으로 만들어진 부분이 많으며, 그리스 로마의 전통도 많이 혼입되어 들어옴으로써 예수와 초기 기독교 공동체가 추구했던 본질로부터 상당히 멀어지게 된 것으로 보인다. 이런 과정 중에 교회는 애초 가려 뽑은 성경조차도 뒤로 하고, 교회의 권위와 전례를 더 앞에 두는 기형적인 모습으로 변해간 것은 아닐까. 16세기 마르틴 루터로부터 시작되어 칼 뱅 등으로 이어진 종교 개혁을 통하여 가톨릭의 세속적이고 퇴폐적인 모습에 대한 반성과 개혁이 진행되었지만, 성서에 대해서는 더욱 완고한 입장이 견지되었으며 이런 것들이 결국 끝없는 탐욕이 충돌하는 인류적 대재앙에 대해 교회가 아무 역할도 하지 못하는 존재가 되어버리도록 한 것은 아닌가 의문을 갖게 된다.

쿰란에서 바라본 갈릴래아로 가는 90번 도로

이런 관점에서 4세기의 결정은 이미 과거의 사실이니 어찌할 수 없고, 지금 시대에 발견되는 예수 시대의 문헌들을 무조건 이단시할 것이 아니라, 이들을 포함하여 기독교 신앙과 예수의 본질에 대해 좀 더 폭넓은 시각으로 접근하고 그동안 우리 인류가 축적한 지성에 부합하는 새로운 모습을 세우는 것이 필요해 보인다.

갈릴래아로 가는 길

쿰란에서 조금 더 북쪽으로 올라가면 예수가 요한에게 세례를 받은 곳으로 알려진 요르단강의 베타니아 세례터가 있다. 그런데 요르단강은 요르단과 이스라엘의 국경이며 우리 비무장지대와 마찬가지로 통행이 제한된 군사지역이다. 진입로로 얼마 동안 들어가니 요르단강 세례터 입구의 가시철망 문이 닫혀 있다. 옆의 경비 군인에게 물어보니 지금 오후 5시가 넘어서 들어갈 수가 없다고 한다.

이 지역도 분명히 팔레스타인 서안 지구에 속한 땅인데 실제로 모든 요르단강 연안은 이스라엘군이 직접 관장하고 있고 팔레스타인 주민은 접근할 수조차 없다. 오늘은 우리도 발길을 돌려야 했다.

90번 도로를 따라 북으로 조금 더 올라가니 왼쪽으로 여리고의 외곽이 나타나고 멀리 시험산의 산줄기도 보인다. 들르고 싶은데 이스라엘 번호판을 단 이 렌터카로는 들어갈 수가 없다. 이미 팔레스타인의 요르단강 서안 지구에 들어와 있는데도, 여리고로 들어가기 위해서는 국경 속의 또 다른 국경을 넘어야 한다, 여리고를 비켜 지나간 얼마 뒤부터 주변 풍경이 달라진다. 그동안은 사막이나 황무지가 계속 이어졌는데, 언제부터인가 모르게 연한 녹색의 목초가 덮인 구릉이 나타났고, 갈릴래아 지방에 가까워질수록 나무들 키도 커지고 녹색도 짙어져 갔다.

팔레스타인에서 이스라엘 영토로 들어서는 경계에 이르자 아까와는 달리 경계가 삼엄해 보인다. 자동소총을 어깨에 멘 어린 이스라엘 여군이 다가와 여권을 보며 이것저것 묻고는 굿바이하고 웃으며 여권을 돌려준다. 우리도 손을 흔들어 인사해주었다.

날은 저물었지만 어렵지 않게 도착한 갈릴래아 호숫가 티베리아스의 호텔은 생각보다 크고 깨끗했다. 로비와 엘리베이터에서 만난 사람들은 모두 깨끗한 정장과 야회복으로 성장을 했는데, 생각해보니 오늘이 토요일 그러니까 안식일 저녁이었다. 샬롬.

갈릴래아 호수에서 바라본 티베리아스

04

갈릴래아

생명의 보금자리, 갈릴래아 호수

호텔 식당에 내려가니 이른 시간인데도 사람이 많다. 차려진 음식을 보며 아내가 좋아한다. 각종 치즈에, 삭슈카 같은 이스라엘 음식, 신선한 야채, 고소한 빵 등 구미가 당기는 음식이 가득하다. 평소 내가 먹는 양의 반도 먹지 않는 아내는 나 보다 두 배는 더 먹은 것 같다.

어제 밤 호텔 주차 관리인의 호의로 호텔 구내 큰 나무 밑에 차를 잘 세워 두었었다. 그런데 아침에 보니 새똥이 차를 온통 덮고 있다. 물티슈를 꺼내 닦는데 역부족이다. 이때 한 젊은이가 다가와 씩

웃으며 물에 적신 큰 수건을 건넨다. 감사하다고 하고 쓱쓱 닦아내
니 바로 정리가 된다. 수건을 돌려주며 약간의 사례라도 하려고 찾
았더니 보이지 않는다. 한비야도 그랬지만 많은 여행자들이 이스
라엘 청년들은 버릇없고 고약하다고 말한다. 그런데 우리는 이스
라엘에 머무는 동안 그런 불쾌한 기억이 없는 것으로 보아 운이 좋
은 것 같다.

티베리아스 언덕 길을 내려 가서 갈릴래아 호숫가를 따라 나있는
길로 접어들었다. 동쪽 골란고원 위로 떠오른 햇살을 받아 호수의
물결이 반짝이고 물가의 하얗고 노란 작은 꽃들은 투명하게 빛난
다. 갈릴래아 호수는 이스라엘의 생명줄이라고 할 수도 있겠다. 혜

르몬산의 눈 녹은 물이 단 지역의 몇 개 수원지를 통해 용출되어 상 요르단강을 통해 이 호수로 들어와 머문 뒤 다시 요르단강을 통하 여 남쪽의 사해로 흘러 들어가게 된다. 이렇게 갈릴래아 호수의 물 이 팔레스타인 땅을 북에서 남으로 관통하여 흐르며 모든 살아 있 는 것들이 생명을 유지할 수 있도록 하니, 키네렛으로 부르는 이 호 수의 수위를 이스라엘 방송에서 늘 주시하며 보도하는 것도 납득 이 간다.

왼쪽으로 막달라 마리아의 고향 미그달을 지나쳐서 기노사르 키 부츠로 들어갔다. 여기에는 '예수의 배(Jesus Boat)'라고 부르는 고대 선박의 유물이 있는 곳이다. 키부츠는 규모가 상당했고, 이 배 를 전시하기 위해 큰 건물을 새롭게 건축한 것 같았다. 여기도 입장 권 파는 젊은 친구가 우리를 보고 반갑게 맞아주었다. 묻지도 않았 는데 이것저것 알아서 챙겨주고 다정하게 군다. 얘기 끝에 자기가 할 수 있는 언어가 히브리어, 영어 그리고 한국어라고 한다. 사람들 이 밀려들어 더 자세한 얘기는 하지 못했다.

'예수의 배'는 건물 내 한 쪽에 따로 잘 만들어진 전시실에 놓여 있었다. 우리나라 포구에서 흔히 볼 수 있는 작은 어선 정도 크기인 데, 한 눈에 보아도 매우 오래된 것 같이 보이는 목선이다. 이 배의 발견 및 수습과 복원 과정에 대한 영상을 보고, 관리자의 설명을 들 었다. 이 배는 1세기 후반에 가라앉은 것으로 추정되는데, 70년경

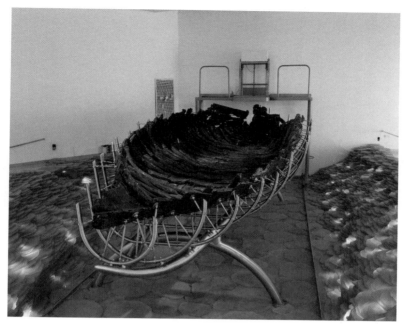

반 로마항쟁에 참가했다가 침몰했는지 아니면 풍랑에 뒤집혀 가라 앉았는지는 알 수 없다. 그러나 예수와 사도들이 갈릴래아에서 활동하던 시기에 사용되었던 것은 분명하므로, 예수나 사도들이 실제 이 배를 탔을 가능성이 없다고 할 수 없다. 성서에도 예수나 제자들이 배에 탄 장면을 묘사하는 기사가 매우 많다. 이 배는 1986년도에 갈릴래아 호수의 수면이 많이 내려갔을 때 호수 바닥 뻘에 박혀 있는 것을 발견하였다고 한다. 그 이후의 과정을 기록한 영상을 보았는데, 발견 당시에 기뻐하는 모습과 매우 조심스럽게 다루는 모습이 인상적이었다.

갈릴래아 호수의 보트

갈릴래아 호수에서 보트를 타보고 싶었다. 그런데 갈릴래아의 보트는 대개 단체여행객들 위주로 운행하며 그 배의 자리에 여유가 있을 때만 우리 같은 개별 여행자들이 끼어 탈 수 있다. 그런데 이 경우 출발지와 도착지가 대개 다르다. 단체로 온 성지순례 여행자들은 이 배를 타고 갈릴래아 호숫가의 다음 목적지로 가기 때문이다. 오늘 아침 기노사르 키부츠 입구에 들어설 때 어느 노부부가 혹시 티베리아스로 가느냐고 물었었다.

그 분들은 티베리아스에서 출발한 보트를 타고 이 곳 기노사르에서 내린 분들인데, 출발지로 돌아갈 마땅한 방법이 없었던 것이다. 우리도 이것이 걱정이었다. 선착장으로 나가보니 마침 배 한 척이 대기하고 있다. 뱃사람에게 물어 보니 일단 잠시 기다리라고 한다. 우리보다 먼저 서있는 사람들이 있기에 물어보니 자기들도 기다리라고 해서 기다리고 있다고 했다. 그러면서 자기들은 모두 가족이며 터키 이즈미르에서 왔는데, 원래는 미국 유타주에 산다고 했다. 두 부부, 아들과 딸, 그리고 외할머니 이렇게 다섯인데, 몰몬으로 보였다.

잠시 후에 배에 타라고 해서 이곳으로 다시 돌아오느냐고 물으니 그렇다고 한다. 배에는 몰몬 가족과 우리 둘, 거기에 한 커플 더 해서 모두 9명이 전부다.

갈릴래아 호수의 보트

배는 기슭에서 멀어져 호수 한 가운데로 들어갔다. 사람들이 '갈릴래아 바다(Sea of Galilee)'라고도 부르는 큰 호수지만 어렴풋이 한눈에 다 들어 온다. 바람이 잔잔한 호수는 평화로웠지만 2천년 전 예수와 사도들이 활동하였던 바로 그 자리라고 생각하니 숙연해지지 않을 수 없었다.

갈릴래아 호수에서 보이는 산상수훈 언덕

특히 북쪽 연안 타브가의 교회들과 뒤로 펼쳐진 봉긋한 산상수훈 언덕을 바라볼 때는 가슴에 전율이 일었다. 지금 이 아름답고 평화로운 갈릴래아가 예수 시대에는 정복자의 수탈, 기득권자의 횡포, 가난하고 힘없는 자들에 대한 차별과 멸시 등 온갖 사회적 모순이 넘쳐 났고, 여기에 대한 처절한 저항과 투쟁이 끊이지 않던 고통스러운 곳이었다는 사실이 믿어지지 않는다.

저만치 지나가는 배에서는 찬송가인지 음악 소리가 들려온다. 그때 우리 배의 선장이 마이크를 들어 혹시 이스라엘 민요를 듣고 싶으냐고 물어 온다. 우리도 전혀 그럴 생각이 없었는데, 마침 '몰몬' 가족의 할머니가 나서서 조용히 묵상하고 싶으니 아무 음악도 틀지 말라고 하였다. 우리도 모두 끄덕거리며 거기에 동의를 하니, 선장

선착장

이 머쓱해 하며 다시 자리에 앉는다, 민요나 찬송가로 흥을 돋우어
팁이 좀 나오길 바랬을 텐데 좀 아쉽겠다.

배는 한 시간 만에 제자리로 돌아왔다. 이제 우리는 조금 떨어진
카파르나움으로 향했다.

베드로의 집, 카파르나움

카파르나움 입구에는 '예수의 마을 (The Town of Jesus)'이라
는 간판을 붙여 놓았다. 그렇지만 이곳은 사실 베드로의 처갓집이
있던 곳이며 보통 '베드로의 집'이라고 부른다. 예수와 제자들은

카파르나움 성당

이곳에 자주 머물렀으며, 예수가 공생활 기간 중 가장 많이 머물렀던 곳이라고 한다. 시몬 베드로는 원래 벳사이다 사람으로, 갈릴래아 호숫가의 다른 어부들처럼 배를 타고 나가 물고기를 잡아 생활을 꾸려나갔으나, 모든 것을 버리고 예수를 따라 나섰다.

원래의 집터로 추정되는 곳에는 먼저 세워졌던 비잔틴 성당의 폐허 위에 비행접시를 닮은 날아갈 듯한 현대적 성당이 세워져 있었다. 유적지를 훼손시키지 않기 위해 바깥으로 기둥을 세우고 그 위에 옛 성당과 마찬가지로 팔각형 건물을 세웠다. 성당은 바닥에 넓은 공간을 뚫어놓아 그 아래에 있는 베드로 장모의 집터와 옛 성당의 유적지를 살펴볼 수 있다.

성당 안에는 마침 아무도 없고 프란치스코회 수사 한 사람만 구석에 조용히 앉아 있다. 셔터 소리가 정적을 깰 것 같아 사진도 찍지 못한 채 뒷발을 들고 살금살금 걸어 다녔다. 그런데 조금 뒤에 여러 사람이 몰려 들어오더니 플래시를 펑펑 터뜨리고 웅성웅성하고는 썰물처럼 빠져 나간다. 나도 살그머니 카메라를 들고 몇 커트 찍었다.

카파르나움 성당의 내부

예수는 '베드로의 집'에서 열병을 앓고 있는 베드로의 장모를 낫게 해주었다. 밥값은 한 셈이다. 그런데 장모의 입장이 궁금해진다. 사위가 물고기라도 많이 잡아 제 식구 부양이나 잘하면 좋으련만, 먹고 살 방도는 신경도 쓰지 않고, 부랑아 같은 사람들과 어울려 '공안사범'으로 몰릴만한 짓을 하고 다니니, 속이 많이 답답하지는 않았을까. 그래서 '화병'이 난 것인데 예수가 고쳐준 것이라면 '병

주고 약 주기’가 되는 셈인가.

　베드로의 집’ 바로 앞에는 유대교당의 유적이 있다. 예수가 사람
들을 가르친 유대교당의 폐허 위에 다시 세운 교당이라는 팻말이
붙어 있다. 폐허로 변한 옛 교당 터에 남겨진 돌들은 검게 변해있
었고, 나중에 다시 지은 교당 역시 많은 부분이 무너져 내렸지만 아
직 당당하게 서있는 흰색 대리석 기둥 몇 개만으로도 아름다운 자
태를 느낄 수 있었다. 이 대리석 교당의 이름은 ‘백색 교당(White
Synagogue)’이다. 예수가 교당에서 설교할 때 거기에 있던 사람들
중 대개는 귀 기울여 듣지 않았을 테지만, 몇몇은 처음 들어보는 예
수의 새로운 이야기에 신선한 충격을 받았을 것이다.

카파르나움 유적

　'백색 교당' 유적의 안쪽 귀퉁이 그늘진 곳에 아내와 나란히 앉아 이런저런 얘기를 주고받는데, 한 친구가 한참을 앞뒤로 왔다갔다하며 우리를 살핀다. 혹시 이 자리에 앉고 싶으냐고 물었더니 씩 웃으며 그렇다고 한다. 따가운 햇볕을 피하면서 기둥에 편히 기대앉을 수 있는 그 자리를 차지한 우리가 부러웠나 보다. 우리가 자리에서 일어나니 저만치 모여있던 가족을 부른다.

　넓은 성당 마당 한 켠에는 베드로 동상이 서 있다. 어부로써 거친 파도에 단련된 크고 탄탄한 몸이 바위 덩어리 같이 잘 나타나 있다. 동상 아래에 새겨진 '너는 반석이라 네 위에 내 교회를 세우겠다'는 마태복음의 글귀가 어색하지 않다. 이젠 '베드로수위권교회'로 가봐야겠다.

카파르나움의 베드로상

베드로수위권교회의 '그리스도의 식탁' 바위

영광의 길 고난의 길, 베드로의 수위권

요한복음에는 부활한 예수가 갈릴래아 호숫가에 나타나서 제자들과 식사를 함께 하고, 베드로에게 교회를 이끌도록 권한을 주었다는 내용이 기록되어있다. 가톨릭교회는 이 사건이 갈릴래아 호수 북서안에 있는 타브가라는 곳에서 이루어진 것으로 믿고 있으며, 그 자리에 교회를 지어 기념하고 있다. 이 교회 제단 앞에는 부활한 예수와 일곱 제자들이 아침 식사의 식탁으로 사용했다고 하는 바위가 있는데, '그리스도의 식탁 (Mensa Christi)'이라고 부른다.

요한복음에 따르면 예수가 베드로에게 당신을 사랑하느냐고 세 번이나 물으며 확인한 후에 교회를 이끌 권한, 즉 수위권을 부여한 것으로 가톨릭교회는 받아들이고 있다. 그래서 이 교회 이름을 '베드로수위권교회'라 한다. 교회 마당에는 베드로가 예수로부터 수위권을 받는 장면을 형상화한 조형물이 있다.

베드로 수위권을 상징하는 조형물

예수에게서 내 양을 돌보라는 지시를 받은 베드로는, 이것이 고통스러운 짐을 지라는 것이고, 결국 스승을 따라 십자가에 못박히게 되리라는 것을 짐작이나 하였을까.

베드로수위권교회 앞 갈릴래아 호수

지금의 갈릴래아 호수는 너무나 평화롭고 아름다운 곳이지만, 예수 시대에는 슬픔과 고통의 땅이었다. 가난하고 빈부의 격차가 컸으며, 로마 및 기득권에 대한 항쟁이 강력하게 일어났던 저항 운동의 본거지로서, 수많은 목숨이 희생된 곳이기도 하다. 자연스럽게 메시아를 갈구하는 염원도 컸을 것이다. 성서에는 예수가 부활한 뒤에 제자들 보다 먼저 갈릴래아 호수로 돌아왔다고 기록되어 있다. 당시 갈릴래아의 형편을 돌이켜 본다면, 예수는 가난하고, 고통받고, 위험한 지역에 남아 있는 사람들 속으로 다시 돌아 온 것이 틀림없다.

갈릴래아의 삼청동, 쯔팟

원래는 단과 카이사리아 필리피를 거쳐 골란 고원을 빙 돌아 나오고 싶었다. 그런데 아내는 갈릴래아 호숫가에 가만히 앉아 있는 것이 더 좋은지 별로 그러고 싶은 기색이 아니다. 타협하여 멀지 않은 곳에 있는 쯔팟(Tsfat)에 다녀오기로 하였다.

쯔팟의 미술관

쯔팟은 기독교 성지 순례를 하는 사람들은 별로 가지 않는 곳이지만, 유대인들이나 이스라엘의 문화에 관심이 있는 사람들은 즐겨 찾는 곳이다. 나도 잘 몰랐지만 유대인들은 예루살렘, 헤브론과 함께 티베리아스와 쯔팟을 4대 성지로 꼽는다고 한다. 1 세기에 로마의 예루살렘성전 파괴 이후 유대교의 랍비들은 갈릴래아 지방으로

136

근거지를 옮겼다. 이후 이곳에서 회당을 중심으로 한 새로운 차원의 유대교를 만들어 나가게 되면서 쯔팟과 티베리아스 같은 도시들이 중요한 위치를 차지하게 되었다고 한다.

거기에 더하여 쯔팟은 이스라엘의 예술가들이 모여드는 예술 도시로서 이름을 높여 가고 있다고 했다. 예술가 구역을 한 바퀴 빙 돌았는데, 서울의 삼청동 같은 분위기였다.

거리를 오고 가면서 눈길이 가는 집이 있었다. 길모퉁이에 있는 자그마한 팔라펠 가게인데, 동네 사람들이 분주히 드나들었다. 시장기도 돌아 가게를 기웃거렸더니 머리에 키파를 얹은 청년이 웃으며 다가와 들어오라고 한다. 이것저것 물었더니 가게에서 일하고 있는 엄마까지 데리고 나왔다. 이런저런 얘기 끝에 사진 찍자고 했더니 흔쾌히 승락한다. 들어가 앉은 가게는 테이블이 서너 개 밖에 안되지만 동네 남녀노소 모두가 들락거리며 바쁘게 돌아갔다. 우리가 자리에 앉으니 모두 우리를 쳐다본다. 이 동네에 우리 같은 동양 사람이 오는 일은 매우 드문 일인지 옆자리에 앉은 가족은 참다 못해 어린아이를 시켜 우리에게 말을 건다. 모두 호의적으로 웃는 얼굴이다. 주문 받으러 온 주인아저씨에게 잘 모르지만 팔라펠을 먹고 싶다고 했더니 자기가 잘 알아서 해 주겠다고 한다. 조금 있다가 피타빵에 야채와 콩튀김완자, 후무스가 가득 채워진 팔라펠이 나왔는데, 입맛 까다로운 아내도 맛이 좋다고 하며 잘 먹었다. 다 먹고 일어서면서 인사를 하니 모두 따라 인사하고는 웃으며 배웅한다. 이 사람들 중에는 정통파유대인도 있었다.

갈릴래아로 돌아오는 길에 '예수가 저주한 도시' 코라진에 들렀다. 성서에는 예수가 이 도시에서 많은 기적을 일으켰음에도 회개하지 않으니 심판 받을 것이라 하였다고 쓰여있다. 그래서 그런지 폐허에 남은 돌들은 모두 불에 그을린 것 같은 검은색이다.

코라진 사람들의 행위에서 우리나라의 '계급 배반 현상'이 연상되었다. 베트남전 고엽제피해자나 대북특수공작원 같은 사람들은 오랫동안 그늘에 숨어 살아야 했다. 그들을 밝은 곳으로 이끌어내

코라진의 폐허

어 보듬고 치유해 준 것은 약한 사람도 귀하게 여기는 사람들이 정권을 갖고 있을 때였다. 그러나 밖으로 나온 그들 중 상당수는 오히려 자신들을 이용하고 억압했던 집단의 이익에 봉사하고 있다. 그들을 순치시켰던 '두려움'을 떨쳐버릴 수 없는 것이다. 예수 시대 당시 정세가 불안했던 갈릴래아의 상황을 고려한다면, 가난하고 핍박 받고 있던 코라진 사람들 역시 예수의 새로운 세상에 대한 선포를 받아들이기 두려웠을 것이다.

카파르나움의 그리스정교회

카파르나움의 그리스정교회

오늘 아침에 카파르나움 성당 유리창 너머로 아름답게 보이던 그리스정교회로 발길을 옮겼다. 정교회에서는 가톨릭이나 개신교 신자를 별로 볼 수 없었다. 같은 기독교에 속했음에도 어떤 경계가 있어 보인다. 그럼에도 나와 아내는 그런 경계는 거의 개의치 않는다. 정교회나 개신교 모두 하느님의 교회 아니던가. 더 나아가 이슬람과 불교 역시 평화와 자비를 추구하는 종교이고 추종하는 신도가 수억 명에 이르는 세계적인 종교임에도, 테러리스트 아니면 우상숭배자라는 얼토당토않은 프레임을 씌워 매도하는 사람들을 보노라

140

면 우리가 진정 21세기 문명 사회에 살고 있는 것인지 회의감이 들기도 한다.

종교에 있어서 우리는 가톨릭에 적을 두고 있으며 남들에게도 가톨릭 신자라고 얘기한다. 그렇지만 가톨릭만이 옳은 종교라고 생각하지는 않는다. 또 가톨릭의 모든 것이 옳다고 믿지도 않는다. 반면에, 지금까지 남아있는 교회의 가르침이나 전례 중에 합리적이지 않으며 받아들이기 어려운 것도 많다고 생각하면서도, 2천년의 시간을 거쳐 세계 수많은 나라와 민족을 접해오면서 그렇게 만들어질 수밖에 없었던 측면도 어느 정도는 이해할 수 있다. 그럼에도 그런 불합리한 것들을 지금 이 시점에서도 무조건 받아들이도록 강요하는 것은, 2천년의 시간 동안 우리 인류가 힘들여 만들어온 인간 지성 발전의 역사를 부정하는 것과 다름이 없다.

정교회가 대개 그렇듯이 카파르나움의 정교회도 매우 아름다웠으며 마당에는 공작들이 산보하고 있었다. 성당은 이콘과 여러 조형물이 가득했고, 저녁 햇빛을 받아 아름답게 빛났다. 정교회는 교리나 의식에서 가톨릭과 별 차이가 없지만 몇 가지 눈에 띄게 다른 점들도 있다. 예를 들면 정교회에서는 가톨릭과 달리, 사제가 신자들을 등지고 이콘벽 뒤에 있는 감실을 향해서 예배를 집전한다. 가톨릭도 1960년대의 제2차 바티칸공의회에서 변경되기 이전에는 그런 형태로 미사를 드렸다고 들었다.

카파르나움 그리스정교회의 내부

　미사는 희생제사의 성격을 갖고 있으니 지성소를 향하여 의례를 진행하는 것도 충분히 일리가 있겠다. 그러나 교회가 사람 사는 세상을 애써 등져 외면하고 하느님의 이름으로 잘못을 저질러온 역사를 생각한다면, 사제가 사람을 마주보도록 한 바티칸공의회의 결정은 적절한 조치였다. 예수가 2천년전에 이미 그렇게 했던 것을, 예수의 제자를 자임하는 사람들이 늦게나마 따라 하게 된 것이다. 그러나 예수가 가르치고 행했던 모습 그대로 따라 하려면, 바꾸어야 할 것이 그것뿐이겠는가.

정교회에서는 아직 옛날의 전통에 따라 지성소와 신자석 사이에 벽을 세워 구분하고 있다. 이 벽에는 보통 많은 이콘을 걸어놓기 때문에 이콘벽이라고도 한다. 이콘이나 성상은 원래 글을 모르는 신자들이 예수의 복음과 성인들의 행적을 쉽게 알 수 있도록 그림으로 그리거나 조각으로 만들어놓은 것이다. 그런데 이런 시각적 교재가 숭배의 대상으로 변질되면서 우상숭배 논란을 불러오고 성상파괴 운동이 일어나기도 하였다. 우리가 관찰한 바로는 가톨릭교회에서는 이콘은 별로 눈에 띄지 않고 성상이 많이 있는데 비해, 정교회에서는 성상은 없고 모든 벽면에 이콘이 가득 들어차 있는 것을 볼 수 있다. 역사적으로 우상에 대한 입장이 달라진 데에 따른 것이리라. 아내는 정교회의 이콘을 좋아한다. 경배의 대상으로서라기보다는 비잔틴 문화의 정수로서 이콘에 표현되어 있는 회화 양식과 색감에 마음이 끌린다고 한다. 나는 카파르나움 그리스정교회 벽에 붙어있는 폭 좁은 의자에 몸을 밀어 넣고 예수와 사도들이 그려진 한 이콘을 망연히 바라보았다. 예수는 그렇다고 하고, 베드로나 다른 사도들은 왜 예수를 따라 다닌 것일까. 예수가 말한 '하느님의 나라'가 이루어지면 그들은 분명 보상을 받을 것이라 생각했을 것이다. 그런데 그들이 꿈 꾼 하느님의 나라는 어떤 것이었을까. 다음 세상에 올 영생의 나라였을까 아니면 '지금 여기' 이 땅에서 누리는 행복한 나라였을까. 교회는 전통적으로 앞의 것을 강조하지만, 나는 왠지 뒤의 것이었을 것 같다는 생각이 든다.

갈릴래아 호숫가의 당나귀

　정교회 마당 한 쪽이 갈릴래아 호수인데, 철조망 담 저 편으로 당나귀 몇 마리가 놀고 있다. 이 녀석들은 호수와 철망 사이의 노란 꽃이 만발한 좁고 긴 땅을 왔다 갔다 하며 오가는 사람을 희롱하고 있었다. 아내는 저 멀리부터 입이 벌어져 뛰어 와선 당나귀 코에 자기 코를 대고 비빈다. 옆에서 미사를 준비하던 동유럽 어느 나라의 순례단도 당나귀와 노느라 부산스럽다. 만나는 사람들 모두 예쁘다고 하고 행복해 하니, 세상에서 가장 복 받은 당나귀들이다.

144

갈릴래아 호수의 일몰

호반의 저녁식사

이제 깜깜해졌지만, 갈릴래아 호숫가에서 베드로 고기를 맛보지
않을 수는 없다. 어두운 밤길을 이리저리 달려 티베리아스 항구를
찾아갔다. 호숫가를 따라 잘 정비된 길에 아직 오가는 사람들이 꽤
있었고, 물가에 분위기 있게 차려진 음식점들도 있었다. 여기저기
기웃거리다 괜찮아 보이는 물가 자리에 앉았다. 물어보니 베드로
고기와 야채플레이트가 가장 잘나가는 것이라고 해서 우리도 그것
을 주문했다. 베드로 고기는 우리에게는 배스로 알려진 것인데, 여
기서는 배를 갈라 펴서 기름에 튀겨 나온다. 원래 가시가 많으니 별
로 먹을 것은 없다. 우리나라에서는 팔당 마현마을 황토마당에서

갈릴래아 호수의 베드로 고기 (위키피디아)

배스 조림을 잘한다. 내 생각으로는 여기 이스라엘의 원조가 황토
마당에 가서 배워야 할 것 같다. 야채플레이트는 피타빵 몇 개에다
야채, 콩완자, 후무스를 따로 접시에 담아 주는 것인데, 기호에 따라
피타빵에 넣어 먹을 수 있도록 되어 있다. 결국 낮에 먹은 팔라펠과
다르지 않다. 밥을 말아서 나온 국밥과 따로 국밥의 차이다. 그런데
후무스라는 음식이 참 맛이 있다. 어두운 데서 힘들게 구글검색을
해보니 병아리콩을 갈아 이것저것 넣어 만든 것이라고 되어 있다.
나중에 자세히 보아야겠다.

146

곱셈의 기적

오늘은 '빵의 기적 성당'으로 먼저 가기로 했다. 이 성당은 '오병이어 성당'으로도 부르는데 베드로수위권교회와 붙어있다. 그런데 이 성당의 소유권은 독일의 베네딕트 수도회에 속해 있어, 프란치스코회가 관리하는 이웃 베드로수위권교회와는 꽤 높은 담이 쳐져 있다. 이 성당 자리에도 역시 빵의 기적을 기념하는 비잔틴 교회가 세워져 있었고, 현재의 교회는 그 유적 위에 새롭게 지은 것이다. 오병이어 기적을 상징하는 비잔틴 교회의 모자이크가 교회의 제단 앞 바닥에 그대로 놓여 있다. 그런데 자세히 보면 물고기는 두 마리 맞는데, 그릇에 담긴 떡은 네 개다. '오병이어'가 아니고 '사병이어'

빵의 기적 성당의 제단에 남아있는 비잔틴 모자이크 (위키피디아)

였던가? 알고 보니 떡 하나는 바로 앞의 제단에 놓여있다는 것인
데 일리가 있다. 이 모자이크는 이스라엘 전역에서 파는 컵과 쟁반
등 각종 기념품에도 모사되어 있다.

예수가 행한 이 기적을 어떻게 보아야 할까. 성서에 쓰여진 글자
그대로 해석을 하는 사람도 많은데, 영화 'The Son of God'에서
도 수많은 사람들에게 다 나눠준 후에도 빵과 물고기가 차고 넘치
는 장면으로 묘사되었다.

성당 앞쪽 벽면 위에는 다음과 같은 글귀가 새겨져 있다. "예수
께서 빵 다섯 개와 물고기 두 마리를 여기 내게로 가져 오라고 하셨

다. 그리고 그들 모두 배불리 먹었다." 남은 조각이 열 두 광주리에 가득 찼다는 얘기와 먹은 사람이 여자와 아이를 빼고도 오천 명이 었다는 얘기를 옮기지는 않았다. 그 아래에는 또 이렇게 이 성서 기사의 의미에 대해 쓰여 있다. "사랑의 구현이신 예수께서는 당신의 자식들이 원하는 것이 있는 곳이라면 어디에서나 반드시 도와 주신다. 그러나 그분은 당신의 선물을 놓을 수 있는 빈 가슴과 내민 손을 기다리신다."

예수를 요술쟁이로 만들지 않고, 나름대로 성서 기사의 진정한 의미를 가늠하여 본 것이 내 마음에 든다. 이 교회의 이름을 영어로는 'Church of Multiplication'이라 한다. 직역하면 '곱셈의 교회'가 되는데, 위의 글귀들과도 일관성이 있다. 아는 바와 같이 0은 아무리 곱해도 0이다. 무엇인가가 있어야 곱해서 더 큰 것을 만들 수 있는데, 우선 우리들부터 내놓지 않으면 아무 것도 될 수 없다는 얘기겠다.

참행복이란 무엇인가

'참행복교회'로 발길을 옮겼다. '산상수훈교회' 또는 '팔복교회'라고도 부르는데, 마태오복음에 쓰여진 여덟 가지 참행복을 기념하는 성당이다. 이것을 옮겨보면 다음과 같다.

팔각형 모양의 참행복교회

행복하여라, 마음이 가난한 사람들! 하늘 나라가 그들의 것이다.

행복하여라, 슬퍼하는 사람들! 그들은 위로를 받을 것이다.

행복하여라, 온유한 사람들! 그들은 땅을 차지할 것이다.

행복하여라, 의로움에 주리고 목마른 사람들! 그들은 흡족해질 것이다.

행복하여라, 자비로운 사람들! 그들은 자비를 입을 것이다.

행복하여라, 마음이 깨끗한 사람들! 그들은 하느님을 볼 것이다.

행복하여라, 평화를 이루는 사람들! 그들은 하느님의 자녀라 불릴 것이다.

행복하여라, 의로움 때문에 박해를 받는 사람들! 하늘 나라가 그들의 것이다.

150

비슷한 얘기가 루카 복음서에도 있다.

> 행복하여라, 가난한 사람들! 하느님의 나라가 너희 것이다.
> 행복하여라, 지금 굶주리는 사람들! 너희는 배부르게 될 것이다.
> 행복하여라, 지금 우는 사람들! 너희는 웃게 될 것이다.
> 사람들이 너희를 미워하면, 그리고 사람의 아들 때문에 너희를
> 쫓아내고 모욕하고 중상하면, 너희는 행복하다.

얼핏 보면 다 그 말이 그 말 같지만, 자세히 살펴보면 차이가 있어 보인다. 우선 포함된 범위에서 차이가 있다. 루카복음서의 네 가지는 두 곳 모두 다 포함되어 있지만, 온유한 사람들, 자비로운 사람들, 마음이 깨끗한 사람들, 평화를 이루는 사람들, 이렇게 네 부류의 사람들은 마태오복음에만 있다. 같이 들어간 네 부류에 대해서도 차이가 보인다. '마음이 가난한 사람들'과 그냥 '가난한 사람들', '의로움에 주리고 목마른 사람들'과 '지금 굶주리는 사람들', '의로움 때문에'와 '사람의 아들 때문에'. 범위와 내용의 차이에서 일관성이 있다. 마태오복음이 관념적이고 윤리적인 측면에서 바라본 도덕교과서 같은 말씀이라면, 루카복음은 지금 여기에서 실제로 고통 받고 있는 사람들이 곧 행복해 질 것이라고 선언한다. 이 말씀 바로 아래에는 행복한 사람의 반대편에 있는 다른 네 부류에 대해 불행하다고 단정한다. 루카가 전한 말씀은 현재의 처지가 곧 역전될 것이라는 혁명의 말씀으로 들리기도 한다. 지금 여러 가지 문제

를 앞에 두고 있는 우리 사회가 추구해야 하는 참행복은 어느 쪽 길로 가야 하는 것인가.

참행복교회는 갈릴래아 호수가 한 눈에 내려다 보이는 완만한 언덕에 아름답게 올라 앉았다. 교회는 마태오복음의 여덟 가지 참행복 요소를 기념하여 8각형으로 지어졌다. 대추야자 나무와 각종 꽃으로 둘러싸인 교회는 매우 아름답고, 그 안에 들어와있는 세계 여러 나라에서 온 많은 사람들 모두 행복한 미소를 머금고 있다. 마치 이 교회에서 참행복을 선물 받은 것처럼. 그러나, 예수 시대의 갈릴래아는 핍박과 갈등과 저항의 무대였다. 이 땅에서, 이 호수에서 어느 누구도 '참행복'을 누리지 못했다. 2천년이 지난 지금은 어떠한가. 등장 인물들은 달라졌지만 스토리는 크게 달라진 것 같지 않다. 참행복은 아직도 미래 시제임에 틀림없다.

주차장에 돌아오니 자동차에 들어갈 수가 없다. 큰 버스들이 내 차 양쪽으로 바짝 붙여대어 문을 열 수가 없다. 황당하다. 버스의 다른 쪽엔 여유가 있는 것을 보니 일부러 그런 것이 틀림없다. 근처에 한 현지인 남자가 있어 이 버스 운전사냐 물으니 아니란다. 경찰에게 신고하겠다고 영어로 혼잣말을 하면서 차 앞뒤로 돌며 사진을 찍으니 그 친구가 내게로 다가오며 차를 여기에 세우면 어떻게 하냐고 따진다. 여기는 버스전용주차장이라는 것이다. 당신이 저 버스운전사냐고 물으니 이번에는 그렇다고 한다. 내가 주차할 때 주차장은

산상수훈 언덕에서 내려다본 갈릴래아 호수

비어 있었고, 어디에도 그런 표지판은 없었다. 당신 말대로 버스전용주차장이라고 해도 이런 행위를 한 것은 고의로 골탕을 먹이는 것이며 처벌받아 마땅하다. 내가 처음 물었을 때 당신이 하지 않았다고 거짓말했는데, 나를 골탕 먹이려 했다는 분명한 증거다. 지금 즉시 차를 빼지 않으면 당국에 신고하겠다고 했다. 그랬더니 이 친구 슬며시 버스로 가더니 저만치 차를 빼고는 차에서 내려 미안하다고 사과하며 악수를 청한다. 그래 어떻게 하겠어, 여기가 참행복 교회인데. 미안하다니 나도 받아들이겠다, 사과해주어 고맙다 했더니, 좋은 여행되기 바란다고 하며 손을 흔들어 배웅한다. 조금 전에 찍은 사진은 곧 지워 버렸다.

05

나사렛

카나의 혼인잔치

카나의 혼인잔치교회

갈릴래아에서 카나에 이르는 길은 굽이굽이 산길을 따라가게 된다. 성서에서 카나라고 부르는 지역을 정확히 알 수는 없으나, 일반적으로 지금의 카파르 카나라는 곳이 그곳으로 간주되고 있다. 카파르 카나는 아랍계가 대다수인 작은 도시이다.

156

이스라엘에서 유대인의 도시와 아랍인의 도시는 외형상으로도 금세 구별이 된다. 아랍인이 많은 도시는 우리나라 시골의 여느 작은 도시처럼 어수선한 분위기다. 차는 아무 데나 주차되어 있고, 도로는 사람도 차도 마음 내키는 대로 다닌다. 그런데 가까이 다가가 얘기를 몇 마디 해보면 마음 씀씀이가 따뜻함을 느끼게 된다. 나도 그들이 하는 대로 내 마음대로 유턴을 해서 좁은 골목에 차를 대고 혼인잔치교회로 걸어 들어갔다.

예수 시대에 혼인은 어떻게 이루어졌을까. 일반적으로 혼인은 약혼식과 결혼식의 두 단계로 행해졌다. 약혼식은 혼인당사자들이 증인 앞에서 결혼에 동의하는 절차이다. 약혼 잔치는 신부의 집에서 열리는데, 이로써 혼인이 법적으로 성립된다. 신랑과 증인은 약혼 서약서에 서명한다. 이 서약서에는 신랑의 신부에 대한 경제적 사회적 책임이 규정된다. 약혼식이 끝나면 신랑과 신부는 보통 1년 정도 떨어져 각자의 집에서 지내지만, 신부가 너무 어리면 결혼을 몇 년 더 연기할 수도 있었다. 그러나 신부가 결혼 예물을 준비할 수 있도록 최소 1년의 준비 기간은 주어졌으며, 신랑은 이 기간에 집을 마련하고 혼인 잔치를 준비했다고 한다.

두 번째 단계인 결혼식은 보통 저녁에 치렀는데, 결혼식 날 신랑은 부모, 형제, 친척 그리고 친구들과 함께 신부의 집으로 간다. 신랑이 도착하면 신부의 아버지는 신랑과 신부에게 축복을 빈다. 그

카나 혼인잔치교회의 제단과 물동이

후 신부는 작별인사를 나누고 신랑의 집으로 간다. 거기에서 결혼 축하객들이 모인 가운데 화려한 결혼잔치가 열린다. 이 예식을 거행함으로써 합법적이고 정상적인 결혼 생활로 들어가게 된다. 신랑과 신부는 목욕하고 향유를 바른 뒤 가장 아름다운 옷으로 치장한다. 손님들도 가장 좋은 옷으로 단장하고 참석했다. 식사하는 동안 사람들은 포도주를 마음껏 떠 마시면서 시를 낭송하거나 축가를 부르며 신혼부부에게 축하를 건넸다. 이런 잔치는 신부가 처녀일 경우는 1주일간, 과부일 경우는 3일간 계속되었다. 잔치가 이렇게 오래 계속되었기 때문에 잔치 도중에 음식이나 술이 떨어지는 일이 흔히 있었다고 한다. 성서에 따르면 예수와 마리아가 참석한 혼인 잔치에서도 마찬가지로 포도주가 떨어졌는데, 예수가 물로 포도주를 만드는 기적을 행했다는 것이다.

성당 제대 뒤에 물동이 여섯 개가 놓여있는 것이 눈에 뜨였다. 카나의 혼인 잔치에 참석한 사람들이 손을 씻는 정결례에 사용할 물동이 여섯 개가 마련되어 있었다는 복음서의 기록을 재현한 것 같다. 성당 안에는 유럽 어느 나라에서 온 것으로 보이는 사람들이 미사를 드리고 있었는데, 잠시 후 몇 커플이 앞으로 나서며 사제의 축복을 받는다. 이 성당에서 혼인 '확인' 예식을 한다고 들었는데 그것이었다. 축복을 받은 커플들은 진짜 행복한 표정이다. 슬쩍 아내를 쳐다보니 별 감흥이 없어 보인다. 원하면 나도 여기서 똑같이 할 수도 있는데.

나사렛 가는 길

나사렛은 갈릴래아 호수에서 남서쪽으로 30킬로미터 정도 떨어져 있는 인구 4만여 명의 도시이다. 주민들은 대부분 가톨릭이나 그리스정교를 믿는 아랍계 기독교인이고 많지는 않지만 이슬람교인도 함께 살고 있다. 유대인들은 인근에 나츠랏 일리트라는 도시를 새로 만들어 살고 있다.

나사렛은 구약성서는 물론이고 유대교의 전승이나 고대의 다른 문헌에도 언급된 적이 없는, 알려지지 않은 고립된 작은 촌락이었다. 이런 나사렛이 세상에 널리 알려진 것은 오로지 예수 때문이다.

신약성서에 따르면 예수의 어머니 마리아는 이곳에서 예수가 태어날 것이라는 하느님의 전갈을 받았다. 이후 예수는 이곳에서 어린 시절을 보내고 장성한 후 공생활에 들어간 것으로 되어있다. 예수는 공생활을 하는 동안에 고향인 나사렛에 들러 복음을 선포하기도 하였으나, 고향 사람들은 그를 믿지 않고 배척하였으며 심지어 죽이려고까지 하였다. 그럼에도 예수는 '나사렛 출신' 또는 '나사렛 사람' 이라고 불리는데, 나사렛이 예수의 고향이라는 의미에 더하여 예수 자신을 가리키는 말이 되었다. 그러니 나사렛은 기독교인들에게 매우 중요한 성지가 아닐 수 없다.

나사렛은 생각했던 것보다는 큰 도시였다. 가는 길이 헛갈려서 같은 로터리를 몇 번 돌기도 했지만, 번잡한 길거리를 잘 빠져나와 성모영보성당 앞 공영주차장에 차를 댔다. 우선 요기를 해결해야겠기에 마침 바로 앞에 있는 맥도널드로 들어갔다. 젊은 남녀 손님 몇몇이 있었는데, 아랍계로 보이지만 옷차림이 아주 서구적으로 세련되었다. 우리가 그들을 관심 있게 바라보는 것과 똑같이 여기서도 예외 없이 우리에게 모두 눈길을 주었다. 유리창 너머로 우리를 살펴보던 마주 보이는 옷가게의 아가씨도 눈이 마주치니 환한 미소를 보낸다.

나사렛은 예수의 도시라기보다는 성모 마리아의 도시 같았다. 예수도 공생활 이전 30년을 이곳에서 살았을 테니 예수의 이름으로 된 성지도 많이 있을 법한데, 시나고그 정도를 제외하고는 많은 유적이나 기념물 거의 모두가 성모 마리아에 관련되어 있다. 성가정을 이루는 나머지 한 요소인 성 요셉도 마리아의 수태고지를 기념하는 교회 한 귀퉁이에 한가롭게 서 있는 성요셉성당 하나가 고작이다.

마리아는 누구인가

마리아는 누구일까. 문헌을 보면 초대 교회에서는 그렇지 않았는데, 시간이 지나면서 가톨릭과 정교에서 마리아에 대한 중요성이 점점 높아졌다고 하며, 지금까지도 이런 경향이 지속하고 있는 것 같다. 물론 그 출발에서부터 마리아에 대한 의견을 달리했던 개신교는 거기에 해당하지 않는다.

우리나라에서 볼 수 있는 성모 마리아의 모습은 대개 아름다운 백인의 얼굴에 우아하거나 화려한 의상을 걸치고 있다. 외국의 경우에도 과달루페의 성모와 같이 원주민에 대한 선교의 목적으로 특별히 제시된 것으로 보이는 경우를 제외하고는 우리나라와 별반 다르지 않은 것 같다. 이곳 나사렛의 성모영보성당 회랑과 이 층 벽면에는 세계 여러 나라에서 보내온 민족의상으로 치장한 성모상들이 게시되어 있다.

대부분 번쩍거리는 보관을 쓰고 그 민족의 고대 신전에 모셔져 있을 법한 모습을 하고 있다. 중국에서 보내온 것은 도교 선녀의 모습이고, 일본의 것은 금박이 화려한 기모노를 입은 황족의 모습이다. 어느 경우나 절세미인이다. 특이한 것은 우리나라에서 보낸 것인데, 이들 중에서 단연 우리의 눈길을 끌었다. 한복 치마저고리를 입은 소박한 아낙네가 색동 바지저고리를 입은 돌쟁이 아기를 안고 있는 지극히 평범한 모습인데, 둘레에는 우리 나라꽃인 무궁화가 활짝 피어있다. 처음에는 촌스럽게 보여 머쓱했는데, 살펴볼수록 작가의 높은 식견에 고개가 끄덕여진다. 예쁘게 그리는 것은 누구나 할 수 있지만, 이미 굳어진 공고한 틀을 깨고 그 진실한 의미를 담아내는 데는 큰 용기가 필요하다.

마리아의 실제 모습은 어떠했을까. 2000년 전 당시 팔레스타인에서 여자는 14세 전후에 조혼하였다는 풍습을 따른다면, 수태고지를 받아들이는 마리아의 나이도 그쯤 되었을 것이며, 아들인 예

성모영보성당 회랑에 있는 여러나라의 성모상 (부분)

우리나라에서 보낸 성모상

수와도 그 정도의 차이밖에 없었을 것이다. 얼굴도 우리에게 익숙한 성모 마리아의 희고 작으며 갸름한 코카서스 인종이라기보다는, 다소 검고 턱선이 더 완만한 셈족 여인의 얼굴이었을 것이다. 그렇게 본다면, 지금까지 보았던 어떤 모습보다도 성모영보성당 1층 벽감에 모셔진 성모상의 모습이 가장 사실에 가까울 것 같다. 사실 나사렛의 거리에서 만난 어린 여학생들에게서 그런 마리아의 모습을 보았다.

전승에 따르면 마리아의 남편 요셉은 마리아보다 나이가 훨씬 많았고, 일찍 죽었을 것이라고 한다. 성모영보성당 한쪽에 있는 성요셉성당의 나이든 요셉의 좌상은 걱정이 많아 보인다. 왜 고민과 걱

성모영보성당 벽감의 성모상

정이 없었겠는가. 이런 요셉과 살았던 마리아는 평화롭고 행복했을까. 당시 목수는 사회의 낮은 신분에 속하였다. 지금 요셉의 작업장이었다고 알려진 곳도 그 지역에 많이 남아 있는 동굴 중 하나이다. 역사가들은 당시 나사렛의 인구가 100가구 정도에 불과하였다고 하니, 풍족할 수 있는 여건은 아니었을 것이다. 어쩔 수 없는 인간적 계산으로 보면, 가장의 벌이가 변변치 않은 데다가, 어떤 가족도 제대로 된 교육을 받지 못해 미래를 꿈꾸기 힘든 그런 상황 속에서 마리아는 하루하루를 어떻게 살아갔을까. 아들이 커서 가장을 도울 수 있게 되었을 때는 좀 나아진 듯했다가, 요셉이 먼저 세상을 뜬 후에는 또 얼마나 절망감이 컸을까. 그 후 믿고 의지했을 아들이 홀연히 세상 속으로 가출해 버리고, 모처럼 얼굴 보러 찾아간 아들이 자기 앞에서 홀대하는 듯한 말을 했을 때 그 가슴은 어떠했을까. 무엇보다도 십자가에 달려 죽은 아들을 마주한 그 심정을 누가 헤아릴 수 있을까. 그 이후의 행적에 대해서 여러 얘기가 분분하지만, 세속적으로 본다면 어느 것도 좋은 결말이 아니다. 결국, 예수의 어머니 마리아의 일생은 아픔과 눈물로 점철된 고통의 시간일 수밖에 없었을 것이다.

그런데도 우리는 성모 마리아를 찬란하고 화려하게 꾸며 놓고, 은총이 가득하며 가장 복된 여인이라고 되뇌고 있다. 이것은 분명하다. 마리아는 장하고 위대한 어머니이다. 그 어려운 환경에서, 이 세상을 구원하겠다는 원대한 이상을 꿈꾸고 그 실현을 위해 애쓴

성모영보성당의 정면

아들 예수를 낳아 길러 낸 위대한 어머니다. 이것만으로도 마리아
가 온 세상 사람의 존경과 사랑을 받을 이유는 충분하다.

수태고지

　나사렛에는 성모영보성당(또는 수태고지교회)이라고 이름 붙은
곳이 두 군데 있다. 하나는 가톨릭에서 정한 곳이고, 다른 하나는 그
리스정교에서 내세우는 곳이다. 가톨릭은 루카복음의 기사에 따라
가브리엘 천사가 마리아의 집에서 마리아를 만나 수태 사실을 전했
다고 하는 것에 기초하고 있고, 그리스정교는 가브리엘이 나사렛의
우물에서 마리아를 처음 만났다는 외경의 기사를 근거로 하고 있다

고 한다. 규모는 가톨릭 성당이 훨씬 크고 더 유명하지만, 실제 두 곳 사이의 거리가 몇백 미터에 불과하니 어차피 2천 년 전의 일을 정확히 알 수 없는 바에야 두 곳 모두 주장의 근거는 있어 보이며 둘 다 옳다고 할 수도 있겠다. 가톨릭의 성모영보성당은 나사렛의 중심부에 있어 도시를 상징하는 역할을 하고 있으며 많은 기념물이나 유적들이 이 부근에 모여 있다.

이스라엘의 다른 여러 유적지의 성당과 마찬가지로 이곳도 비잔틴교회의 폐허 위에 1960년대에 현대적인 모습으로 다시 지은 성당이다. 아래층 바닥에서 계단을 조금 더 내려가면 마리아가 가브리엘로부터 예수를 잉태할 것이라는 말을 전해 듣고 겸손하게 받아들인 곳이라고 전해지는 동굴집의 유적이 있다.

성모영보성당의 아랫층

마리아의 동굴집

우리는 어려서부터 성모자상을 많이 보고 자랐다. 레오나르도 다
빈치나 라파엘로의 것을 비롯하여 명화로 일컬어지는 수많은 마돈
나를 보아 왔는데, 대개는 호화로운 궁전이나 평화로운 초원을 배
경으로 아름다운 성모 마리아가 예쁜 아기 예수를 돌보고 있는 모습
이다. 그런데 발굴된 유적을 보면 당시 이 일대에 있는 많은 동굴이
주거지로 사용되었던 것이 분명하니, 마리아도 이렇게 어둡고 비좁
은 동굴집에서 살았을 것이다. 물은 조금 떨어진 그리스정교회 근
처의 마리아의 우물에서 길어 먹어야 했을지도 모르겠다. 아마 우
리 서울 변두리 달동네에 모여 있던 철거민촌 판잣집보다도 훨씬 못
한 환경이었을 것이다.

성요셉성당의 요셉상

성요셉성당 제단 뒤의 그림

　교회 위층은 미사를 집전할 수 있는 큰 성당이다. 지붕은 성모 마리아를 상징하는 흰 백합 모양으로 지어졌다. 교회 외벽에 내어 붙인 작은 문을 통하여 지하로 내려가면 박물관이 있는데, 지난 수십 년간 이곳에서 발굴된 선사시대에서 비잔틴에 이르는 유적지와 유물을 볼 수 있었다.

요셉, 의로운 사람

　성요셉성당은 성모영보성당에 붙어 있는데, 지하에 요셉의 작업장이었다는 동굴이 있다. 성요셉성당 앞마당에 앉아 있는 요셉의 좌상은 내가 지금까지 보아 온 요셉의 모습은 아니었다. 언제나 인자하고 평화로운 표정의 요셉과는 달리, 여기 있는 요셉은 근심이 가득한 표정이다. 왜 그렇지 않겠는가. 내 아내가 낳은 맏아들이 내 아들이 아니라는데. 먹일 자식들은 많아졌는데, 몸은 늙어서 일하기는 힘들어지고, 갈릴래아의 공기는 언제나 불안하고 어수선했을 테니. 마리아의 수태에 대해서는 많은 이야기가 있고, 이 중 어느 것이 진실인지를 떠나, 분명한 것은 요셉이 마리아를 아내로, 예수를 아들로 받아들였다는 것이다. 이는 분명 마리아를 진정으로 사랑하며 자비로운 마음을 가진 의로운 사람만이 할 수 있는 일이다. 역시 이것만으로도 그는 성인으로 추앙받을 자격이 충분하다.

성당 지하에 있는 요셉의 작업장은 마리아의 집과 마찬가지로 동굴이다. 요셉은 이 어두컴컴한 동굴에서 하느님의 자비를 구하며 나무를 다루었을 것이고, 어린 예수에게 목수 일을 가르치기도 하며 함께 일하였을 것이다. 늙은 요셉은 묵묵히 그 자리를 지키다 세상을 떴겠지만, 젊은 예수는 그런 삶을 그대로 받아들일 수 없었다. 서른 살에 분연히 들고 일어난 것이다.

성요셉성당은 성가정성당으로 부르기도 한다. 제대 뒤로는 성가정을 이루는 요셉, 마리아 그리고 어린 예수의 화목한 모습이 그려져 있다. 교회는 성가정 축일을 지정하고 예수를 본받아 아버지를 영광스럽게 하고, 어머니를 기쁘게 하여 화목한 성가정을 이루라고 가르친다. 그러나 예수가 어떻게 아버지 요셉을 영광스럽게 하고, 어머니 마리아를 기쁘게 하였는지 나로서는 잘 가늠되지 않는

그리스정교 수태고지교회

다. 예수는 어머니와 형제를 떠나 더 큰 대의에 자기 몸을 바쳤다. 마리아는 늘 불안한 마음으로 집 떠난 아들의 소식에 마음 졸이다가, 마침내 불온분자로 몰려 죽임을 당한 아들을 비통한 마음으로 바라보아야만 했다. 여기에 성가정이라는 이름이 들어설 자리는 어디인가.

마리아의 우물

성모영보성당에서 시가지를 따라 좀 올라가면 마리아의 우물이라는 곳에 이른다. 최근에 보수하여 현대적인 모습으로 단장되었지만, 뒤로 돌아가 보면 돌을 쌓아 물을 담아두고 공동으로 길어 쓸 수

새로 단장된 마리아의 우물

있도록 만든 우물터의 흔적이 있다. 그리스정교는 이 우물에서 대천사 가브리엘이 마리아를 만난 것으로 믿는다. 이 우물의 수원지는 몇 미터 떨어져 있는 샘인데, 이 샘에 그리스정교의 수태고지교회가 세워져 있다. 수태고지를 전한 대천사의 이름을 따서 가브리엘 교회라고도 한다.

교회는 밖에서 보기에는 자그마하게 보였는데, 안으로 들어가니 꽤 큰 규모다. 샘은 우리가 시골에서 보는 우물과 같은 모습인데 돌로 벽을 쌓아 올렸다. 우물 주위에는 이콘과 촛불이 빙 둘러 놓여 있다. 이 교회도 여느 정교회와 마찬가지로 화려한 이콘으로 장식되어 있고, 동유럽에서 온 듯한 신도들로 가득했다.

그리스정교 수태교지교회의 내부

174

이 교회 밖에는 성물을 파는 조그마한 천막가게가 있다. 아내가 수태고지 장면을 그린 이콘을 하나 사고는 기념으로 가게 주인 청년과 함께 사진을 찍었는데, 이 청년 정말 잘 생겼다. 짧은 시간이었지만 흥정을 하는 내내 겸손하면서도 당당한 모습을 보였고 그 반짝이는 두 눈은 진정성을 그대로 담고 있었다. 아랍계 기독교 신자일 텐데, 이 청년의 얼굴에서 문득 예수의 얼굴이 떠올랐다. 이 청년은 유대인이 지배하는 이스라엘에서 살아가야 하는 아랍인인데, 게다가 대부분의 아랍인과는 달리 기독교 신자니, 소수자 중의 소수자이며 정치적으로나 사회적으로나 가장 취약한 위치에 있다고 하겠다.

2천 년 전 예수도 로마제국의 영토이자 봉분왕이 다스리는 갈릴래아에 살았던 유대인으로서 정치적으로나 사회적으로나 가장 낮은 위치에 있었다. 성모 마리아와 마찬가지로, 우리는 어려서부터 하얀 피부에 갈색 머리를 휘날리는 잘생긴 백인의 모습으로 예수를 보아왔다. 그러나 예수는 셈족의 한 갈래인 유대인이니 사실은 이 아랍 청년과 크게 다르지 않았을 것이다. 그러니 검은 머리, 검은 눈, 약간 그을린 피부, 둥근 턱선을 가졌을 것이다. 교육도 제대로 받은 적이 없었을 테니 읽고 쓰지 못했을 수도 있다. 일상에서 쓰는 말도 흔히 생각하듯이 히브리어가 아니라 아람어를 썼을 것이다. 그가 십자가 위에서 마지막으로 외친 말도 아람어였다. 그런데 예수가 죽자마자 예수의 모습이, 외형적 모습이건 그가 설파한 말씀이건, 변형되기 시작하여 오늘날에는 원래의 모습을 찾아보기 어려울 정도가 되어버린 것 같다.

나사렛 거리

나사렛은 아랍계가 다수인 도시이지만 이들은 대개 기독교 신자
들이다. 이슬람계 아랍인의 도시와는 분위기가 사뭇 다른데, 특히
젊은 아가씨들이 매우 개방적이고 밝다.

나사렛 거리에서 만난 여학생들

아내와 걸으며 길에서 마주친 소녀들은 그대로 지나치지를 못한
다. 호기심 어린 눈길을 계속 보내다 몇몇은 다가와 말을 건네고, 같
이 사진 찍기를 청한다. 다들 예쁜데 아내보고 예쁘단다.

나사렛 거리의 청년들

    카메라를 잠시 아내에게 맡기고 주차장에 다녀오니 아내가 조용히 속삭인다. 저기 키 큰 남자아이 여럿이 자기 주위를 왔다 갔다 하며 살피는데, 아무래도 카메라를 눈여겨 보는 것 같으니 조심하라고 했다. 내가 카메라를 건네받고 몇 걸음 걸으니 키 큰 남자아이 대여섯 명이 앞을 가로막으며 다가온다. 영어가 유창하지는 않지만, 카메라가 정말 좋아 보인다, 이 카메라는 내 드림이다, 한번 만져보고 싶다는 등 다 한마디씩 한다. 인상을 보아하니 착한 청년들 같은데 진짜 궁금한 모양이다. 그래도 카메라를 넘겨줄 수는 없고, 내가 들고 잠시 보여주었더니 사진을 찍어달란다. 아내와 함께 서니 머리가 두 개는 더 있는 녀석들이 함박웃음을 짓는다.

나사렛 시가지

　향신료 가게에 들렀다. 세계 각국에서 향료와 향신료를 수입하여
가공, 소분한 뒤 다시 전 세계로 유통하는 집이다. 벌써 200년이 넘
었다는데, 공장을 겸한 큰 가게는 옛모습을 그대로 간직하고 있다.
유향을 조금 샀는데, 계산을 맡은 그 집 딸과 아내가 또 서로 예쁘
다고 칭찬하고 있다.

　떠나기가 아쉬워 성모영보성당 언덕아래 카페에 다시 자리를 잡
았다. 이스라엘은 어디를 가나 과일을 즉석에서 짜서 주스를 만들
어 준다. 훤칠한 청년이 만들어 준 오렌지 주스를 한 잔씩 마시고,
청년의 환한 미소를 뒤로 한 채 나사렛을 떠났다.

나사렛의 멋진 청년

06

지중해 연안

시온의 관문, 하이파

나사렛에서 하이파는 먼 거리는 아니었지만, 산골짜기에서 초원, 바닷가로 이어지며 경관이 다양하게 변해갔다. 우리가 예약한 숙소는 항구에서 멀지 않은 곳에 있는 호스텔인데 여행자들로부터 좋은 평가를 받는 집이었다. 도심 근처로 호텔을 찾아 들어가는데, 주변 풍광이 심상치 않다. 길 양쪽에 늘어선 2~3층짜리 건물이 거의 비어 있는 듯하였고, 중간중간 창문이 깨진 채로 있는 곳도 있었다. 길거리에는 사람도 거의 없었고, 해는 거의 다 넘어갔다. 내비게이션이 도착지라고 안내한 곳은 그런 슬럼 지역을 막 지난 곳이었다.

호텔은 밖에서 보면 작은 요새 같은데, 안은 비교적 아기자기하게 꾸며져 있었다. 호텔의 뒤뜰은 예쁜 노천카페였다. 저녁을 먹은 후 나무 그림자가 드리운 테이블에 마주 앉아 맥주캔을 부딪치며 오늘 하루를 기념하는데 뒷자리에 앉아있던 여행자 청년이 기타 연주로 낭만적인 분위기를 만들어 주었다.

하이파는 시오니즘에 따라 세계 각지로부터 '약속된 땅'으로 돌아오는 디아스포라 유대인들을 맞이하는 현관의 역할을 한 이래 이스라엘의 가장 큰 항구이자 과학 기술 도시로서 중요한 역할을 맡고 있다. 현대 이스라엘 역사에서 이 항구에 관한 유명한 일화가 있다.

2차대전이 끝나자 시온주의 유대인들은 대거 팔레스타인으로 이주해왔다. 이러한 운동에는 세계 시온주의자들의 조직과 자금이 집중적으로 동원되었다. 당시 팔레스타인은 영국의 위임통치 아래에 있었으나 시온주의자들은 무장조직을 동원하여 불법 이주를 금지한 영국에 맞서 투쟁을 벌였다. 그러면서 풍부한 자금으로 대형 선박을 사들여 유대인을 유럽으로부터 팔레스타인으로 이주시키는 밀항작전을 벌였다. 1947년 7월 12일에 4500여 명의 유대인을 태운 미국 국적의 증기선 워필드호가 프랑스의 마르세유에서 출발하였다. 이 배는 엿새 뒤 팔레스타인 해안에서 40킬로미터 떨어진 공해에서 영국 해군에 나포되어 하이파로 예인되었다. 이 배에 탔던 유대인들은 유럽으로 되돌려 보내져 영국군이 관리하는 난민수용소에 수용되었다.

여기까지가 실제 벌어진 사건의 개요이다. 그런데 1958년에 이 사건을 모티프로 미국의 유대인 작가 레온 우리스가 '엑소더스'라는 소설을 발표했으며, 1960년에는 같은 제목으로 영화도 만들어졌다. 이 영화는 우리나라에서는 '영광의 탈출'이라는 제목으로 개봉되었다. 이 영화에서는 실제 사실과는 달리 엑소더스호가 영국을 굴복시키고 하이파 항구에 닻을 내리는 것으로 각색되었다.

시오니즘의 창시자 헤르즐

헤르즐은 현대 시온주의의 창립자이며 이스라엘 국가의 아버지로 추앙받고 있다. 그는 시온주의를 전파하며 유대인들이 조상의 땅으로 돌아가는 꿈을 품게 하였다. 데오도로 헤르즐은 1860년 부다페스트에서 유대인 중산층 가정에서 태어났다. 오스트리아 빈 신문사의 파리특파원이 된 헤르즐은 자유 평등 박애를 부르짖은 프랑스 대혁명의 본고장에 대해 기대가 컸으나, 파리에 머무는 동안 프랑스의 반유대주의에 충격을 받았다. 자유 평등 박애는 유대인에게도 적용되는 보편적 구호가 아니었다. 1894년 프랑스에서는 유대인 장교 드레퓌스가 프랑스군의 군사기밀을 독일로 유출했다는 죄목으로 재판을 받는 '드레퓌스 사건'이 일어났다. 그러나 독일대사관에 기밀을 유출한 장본인은 프랑스의 다른 장교였으며 처음부터 군부의 조작에 의한 사건이었다. 헤르즐은 이 사건을 취재하면서 프랑스의 반유대주의의 거센 물결을 실감하게 되었다.

헤르즐은 1895년에 '유대 국가'를 저술한다. '유대 국가'의 가장 중심되는 사상은 유대인은 유럽을 떠나 약속의 땅에 정착해야 한다는 것이다. 헤르즐은 '유대 국가'에서 이상적인 유대 국가의 정치제도, 법률, 노동, 여성 문제 등 다양한 주제를 다루었다. 유대인 문제는 오직 유대 국가 건설만으로 해결할 수 있다는 헤르즐의 이 책은 큰 반향을 일으켰다. 이후 그의 제안으로 유럽 각국의 유대인 대표가 참가한 제1회 시온주의총회가 1897년 8월 29일 스위스의 바젤에서 개최되었다.

1898년에 헤르즐이 하이파 항구를 통하여 팔레스타인을 방문했을 때 그는 유대인의 도시를 건설하는 구체적인 비전을 갖고 있었다. 그의 저서 '오래된 새 나라'에서 헤르즐은 말한다. "천 년을 기다릴 필요는 없다. 백 년을 기다릴 필요도, 아니 단 오십 년을 기다릴 필요도 없다." 이후 그의 비전은 정확히 실현되었다. 한 사람이 품은 꿈이 50년 뒤에 이스라엘 국가 건설로 현실이 된 것이다. 44세의 나이로 이스라엘 건국을 지켜보지 못하고 세상을 떠났으나, 이스라엘 건국 이후 예루살렘으로 이장되었으며 그가 묻힌 나지막한 산은 헤르즐산이라는 이름이 주어졌다.

바하이교 정원과 하이파 항구

카르멜산의 보석, 바하이교 정원

　하이파에서 바하이교 정원을 빼놓을 수는 없다. 카르멜산을 올라 바하이교 정원을 내려다보는 높은 곳에 차를 세웠다. 정원의 문은 아직 열리지 않았는데, 물어보니 9시에 연다고 하며, 두 층까지만 내려갈 수 있다고 한다. 전부 다 보려면 12시에 영어로 진행하는 가이드 투어에 참가해야 한다고 한다. 그때까지 기다릴 수 없어 문이 열리면 두 층만 내려가 보기로 했다.

186

카르멜산은 성서에도 자주 언급되는데 엘리야 선지자가 이 산중의 무흐라카에서 바알의 제사장들과 비 오게 하는 내기를 해서 이긴 곳으로 되어 있다. 카르멜산의 북쪽 언덕에 있는 바하이교 정원에서는 하이파 시가지와 항구를 한눈에 내려다볼 수 있었다. 수면에 비쳐 반짝이며 반사되는 햇빛과 아침 안개가 어우러져 몽환적인 느낌을 준다. 바하이교는 이란에서 이슬람으로부터 파생되어 만들어진 종교인데, 이스라엘에는 14000명 정도가 이 종교를 믿고 있다고 한다. 유대 정통파와 이슬람교도는 군대에 가지 않지만, 바하이교도는 일반 유대인들과 마찬가지로 병역의무를 이행한다.

바하이교에 대해 잘 아는 사람은 많지 않지만, 이 바하이교 정원은 세계적으로 널리 알려져 있으며 유네스코 세계문화유산에 등재되어있기도 하다. 여러 층에 걸쳐 완전한 대칭으로 배치된 바하이교 성전과 정원은 흰색과 녹색 그리고 빨간색이 적절히 조화를 이룬 아름다운 균형미를 뽐내고 있었다.

바하이교 성전

문명 충돌의 현장, 아코

알 자지르 모스크

아코는 하이파에서 그리 멀지 않은 곳에 있는데, 지중해 동쪽 끝의 조그마한 만을 두고 마주 보고 있다. 아코는 오래된 도시이고 주인도 여러 차례 바뀐 탓인지 지금까지 불리는 이름도 여럿이다. 대표적으로 아코(Akko)와 아크레(Acre)가 많이 쓰이는데, 길 안내판도 이 두 이름이 섞여 있다. 지금은 이스라엘 땅에 속해 있지만, 주민의 대부분은 이슬람을 믿는 아랍인들이다. 예수 시대에 팔레스타인 지역에서 가장 크고 중요한 항구는 헤롯 대왕이 건설한 카이사리아였지만 점차 모래가 쌓여 항구 기능을 하지 못하게 되면서 아코가 그 역할을 대신 하게 되었다. 이후 중동 지역에 유일하게 남은 기독교 십자군의 마지막 거점 도시이기도 했으며, 오스만투르크 시절에는 국제항으로 번성하기도 했다. 이런 역사를 통하여 지금의 아코는 지나간 여러 문명의 자취가 켜켜이 쌓여 있는 매우 특별한 도

십자군 요새 지하의 기사의 방

시로 남아 있다.

첫눈에 보이는 아코는 터키의 어느 아름다운 항구 도시와 다르지 않다. 둥근 돔과 높은 미나렛이 있는 터키풍 모스크가 여기저기서 있고, 왁자지껄 유쾌한 바자르가 있으며, 지중해 연안을 따라 멋진 레스토랑이 줄지어 있다. 이것만으로도 여행자의 발길을 끌어당기는 충분한 매력이 있다. 그러나 이 도시를 정말 특별하게 하는 것은 땅속에 있다.

알자지르 모스크를 나와서 모퉁이를 돌아 조그마한 문을 지나 계단을 조금 내려가면, 금세 커다란 지하공간 안에 들어와 있는 것을 보고 놀라게 된다. 기사의 방(Knights Hall)이라고 부르는 곳인데 십자군과 예루살렘 왕국의 마지막 거점다운 규모와 풍모를 지금까지 유지하고 있다. 땅 위에는 오스만투르크의 도시가, 그 땅 아래에는 한때 예루살렘왕국의 수도이기도 했던 십자군의 도시가 남아있는 것을 보면서 역사의 순환에 대해 묘한 느낌이 들었다.

십자군의 지하 건조물도 대단하지만, 이런 과거의 유적을 그대로 품에 안고 자기들의 도시를 이러한 모습으로 건설한 오스만투르크의 발상도 참 신기하다. 서구 제국은 오리엔탈리즘이라는 말로 대표되듯이 아시아 민족의 성취를 애써 무시해왔지만, 이슬람에 대해서는 그 정도가 더 심하다. '한 손에는 코란, 한 손에는 칼'이라는 출처도 분명하지 않고 근거도 없는 이야기를 들으며 이슬람의 호전성에 대해 교육받아 온 우리지만, 내가 살펴본 바로는 코란 대신에 바이블이라고 써넣어도 큰 무리는 아닐 것 같다. 오스만 제국의 압제에 시달린 사람들은 견해가 많이 다를 수 있겠지만 내게 있어 오스만투르크는 '관용'이라는 말을 연상케 한다. 돌아가신 신영복 선생도 얘기했듯이, 이스탄불의 아야소피아 벽면에 그려진 콘스탄티누스 대제의 이콘과 같은 비잔틴 모자이크를 훼손하지 않고 엷은 회칠로 가려 놓기만 했던 것은 그들의 관용 정신을 나타내는 사례 중 하나일 것이다. 반대로 기독교도들이 정복한 곳에서는 대개 참혹한 파괴와 약탈이 있었다. 여기 아코에 있던 십자군도 예외가 아니다. 그러나 십자군이 떠난 뒤 아코에 들어온 오스만투르크는 남아 있던 도시를 파괴하지 않고 자기들 새 도시의 튼튼한 기초로 사용한 것이니 얼마나 현명한 처사였던가.

십자군 요새의 지하 통로

아코는 4000여 년 전 청동기시대부터 인간이 거주해온 매우 오래된 도시로서 12세기 초에 십자군에 함락되기 전까지는 이슬람 도시였다. 이후 십자군이 세운 예루살렘왕국의 무역항으로서 유럽과 연결되는 가장 중요한 통로의 역할을 했다. 예루살렘이 이슬람 세력에 다시 넘어간 12 세기 말 이후에는 예루살렘왕국의 임시 수도 역할을 하며 맘룩 이슬람 세력에 점령당하는 1 3 세기 말까지 십자군의 본거지로 명맥을 이어갔다. 이후에는 버려진 상태로 남아있다가 16 세기에 이 지역을 점령한 오스만투르크에 의해 현재의 모습이 만들어졌다.

아코 바자르의 향신료가게

    십자군 요새의 미로를 따라 한참 걷다가 막다른 곳에서 작은 문을 밀고 나가면 홀연히 아랍인 바자르의 한가운데 들어와 있다는 것을 알게 된다. 이 바자르는 현지인들이 일상적으로 이용하는 곳이기 때문에 없는 것이 없고 그들이 사는 모습을 있는 그대로 살펴볼 수 있도록 해준다. 이스라엘에서 며칠 지내고 나니 이제는 이곳 음식이 낯설지 않고, 어느 집이 제대로 잘 하는지 대충 가늠할 수도 있게 되었다. 음식점이 늘어선 길을 몇 번 오가면서 고른 아랍음식점의 팔라펠은 역시 기대를 저버리지 않았다.

십자군, 수호자인가 약탈자인가

십자군은 11세기 말에서 13세기까지 여러 차례에 걸쳐 유럽에서 중동지역으로 기독교성지의 탈환을 목적으로 출전한 군대였다. 따라서 이들의 활동을 훌륭한 업적으로 생각하는 사람들도 있다. 그러나 냉정하게 돌이켜보면 십자군이 영웅적이고 신성한 임무만 수행한 것은 아니다. 십자군은 예루살렘을 점령할 때 그곳에 살고 있던 아랍인과 유대인 수만 명을 학살했다. 예루살렘을 이슬람에 다시 잃고 재탈환을 포기한 이후에는 콘스탄티노플을 점령하여 같은 기독교인을 약탈하고 학살하기도 했다. 이와 달리 예루살렘을 되찾은 이슬람의 지도자 살라딘은 십자군과 기독교도가 예루살렘을 무사히 빠져나가도록 길을 열어주었다.

십자군 여러 기사단의 깃발

　미국 대통령 조지 W. 부시는 이라크를 침공하면서 자기 군대를 십자군이라고 불렀다. 십자군에 대한 최소한의 역사 인식이라도 있다면 그것이 얼마나 자국 군대에 대해 모욕적인 말인지 알았을 텐데 하면서 씁쓸해했던 기억이 있다. 그런데 시간이 지나고 나서 보니 이렇게 적확한 표현이 없다. 부시의 군대는 내 이익을 위해서 남의 무고한 생명과 재산을 탈취하는 것쯤은 아무것도 아니었던 중세의 십자군과 똑같은 짓을 서슴지 않고 되풀이하였다. 부시는 보수복음주의 기독교 신자로서 이슬람인 이라크를 '악의 축'으로 규정하고 하느님을 대신하여 응징한다는 생각을 했는지도 모르겠다. 나도 기독교 신자의 한 사람으로서 안타깝고 부끄러울 따름이다.

카이사리아의 수도교

황제의 도시, 카이사리아

아코에서 하이파 쪽으로 다시 내려와 지중해를 따라 남쪽으로 조금 더 내려가면 카이사리아에 닿는다. 카이사리아는 말 그대로 로마 황제의 도시인데, 헤롯 대왕이 건설하여 은인이자 후견인인 아우구스투스 황제에게 헌정한 도시이다. 예수 시대에 본시오 빌라도도 그랬듯이, 팔레스타인의 로마 총독이 공식적으로 주재하던 도시이며, 팔레스타인의 실질적 수도였다고 볼 수 있다.

지중해변의 카이사리아 유적지

기독교의 입장에서 볼 때 카이사리아는 복음이 유대인을 넘어 다른 민족으로 퍼져나가 국제종교로 발돋움하는 계기를 만들어 준 곳이기도 하다. 사도행전에 따르면 베드로가 카이사리아에 주둔하고 있던 로마군의 백인대장 코르넬리우스의 초대에 응하여 복음을 전했고, 그때 성령이 모든 청중에게 내렸다고 되어있다.

우리는 먼저 거대한 수도교의 유적으로 갔다. 도시의 북쪽으로 10킬로미터 떨어진 카르멜산의 수원지로부터 물을 끌어오기 위해 건설한 수도교인데 지중해의 하얀 모래밭을 따라 수백 미터가 남아있다. 꼭대기에 나 있는 좁은 수로 양 옆으로는 노란 들꽃과 사막풀이 무성하게 자라있다.

바닷가 하얀 모래밭에는 여기저기 지중해의 햇빛과 바람을 즐기는 사람들이 많이 있었는데, 벌써 바닷물에 몸을 담그고 있는 사람들도 보인다. 아내는 흰 물거품과 술래잡기를 하고 있다. 카이사리아 도시의 유적은 수도교 유적에서 몇백 미터 남쪽에 있다. 해자를 건너 성문을 지나면, 지중해 바닷가를 따라 건설된 도시의 유적에 들어선다.

이 도시의 유적에는 로마식 목욕탕도 있고 바다 쪽으로는 전차경기장 유적도 있다. 조금 더 남쪽으로 내려가면 로마식 극장이 있는데 모두 12단으로 만든 관람석은 길이 250미터, 폭 50미터로 1만 명이 관람할 수 있었다고 한다.

카이사리아의 로마식 극장

예루살렘으로 가는 길

카이사리아를 떠나 벤구리온 공항으로 향했다. 우리가 이스라엘로 들어온 원점으로 회귀하는 것이다. 공항에서 이 자동차를 반납하면 그때부터 지금까지 여행했던 것과는 다른 모습으로 여행이 진행될 것이다. 지금까지 낯선 나라에서 꽤 잘 찾아다녔는데, 어디에서건 한 번은 꼭 헤매야 하는 모양이다. 그게 공항이었다. 렌터카를 반납하는 곳은 빌렸던 곳과 다른 곳인데, 지도를 보면서 따라갔는데도 잘 찾지 못하겠다. 공항 구내를 몇 바퀴 돌고서야 겨우 찾아 들어갔다. 반납을 받는 직원이 살펴보더니 기름이 좀 부족하다면서 가까이 있는 주유소에서 가득 채워오라고 한다. 그러마 하고 찾아 나섰는데 빤히 바라보면서도 지나쳐버려 어쩔 수 없이 공항 주변을 수십 킬로 돌아야만 했다. 차를 반납하고 나니, 이제 진짜 집 떠난 느낌이 든다, 그동안 자동차가 위안이 되고 정도 들었었나 보다.

이제 막 이스라엘에 도착한 사람들에 섞여 공항청사를 나오니, 승합차들이 줄을 지어 기다리고 있다. 세루트라고 하는데, 목적지가 비슷한 여러 사람이 함께 타고, 한 사람당 요금이 정해져 있다. 어두워 창밖은 잘 보이지 않는다. 잠시 후 저 멀리 불빛이 환한 도시가 나타났다. 예루살렘일 것이다. 10여 년 전 이스탄불로 들어가는 언덕 위 성문을 막 지났을 때 앞에 펼쳐졌던 그 몽환적인 광경을 지금도 잊을 수가 없다. 차는 언덕을 한참 올라 정통파 유대인 할아버지를 내려 주고 예루살렘성벽을 거쳐 우리가 내릴 곳에 도착했다.

짐작은 했지만, 우리가 묵을 호스텔은 젊은 열기로 가득한 곳이었다. 체크인할 때 로비는 젊은 사람들로 붐볐고, 자유로운 자세로 웃고 떠들고 있었는데 그 사이에서 무언가 열심히 일하는 사람들도 있었다. 얼핏 둘러 보아도 다양한 인종이 섞여 있는 것을 쉽게 알아볼 수 있었다.

짐을 풀고 숙소 주변을 천천히 걸었다. 광장 한 귀퉁이 가게 앞에서 얘기하고 있던 중년의 두 남자 중 하나가 말을 걸어온다. 항상 그렇듯 먼저 신상털기를 한 다음 남북한 문제를 묻는다. 간단하게 내 생각을 얘기했더니, 자기들 문제를 풀어놓기 시작한다. 아랍인과 유대인이 이 땅에 같이 살아야 하며 그럴 수 있다. 그런데 극단적인 사람들 때문에 그렇게 되지 못하고 있다. 그런데 너희 코리아는 같은 민족 아니냐. 그런데 왜 같이 잘 지내지 못하는 것이냐 등 얘기가 끝이 없다. 말없이 듣고 있던 아내가 신호를 보낸다. "친구. 정말 즐거웠네. 아쉽지만 우리는 갈 데가 있어 오늘은 여기까지 해야겠네. 기회가 되면 또 보세"라고 하면서 그 자리를 빠져나왔다. 편의점에서 사 온 맥주와 간단한 요기 거리를 침대 위에 펼쳐 놓고 예루살렘에 도착한 것을 자축하였다.

07

팔레스타인 서안지구

작은 고을 베들레헴

이번 여행에서 팔레스타인의 현실에 대해 짧은 시간이나마 내 눈으로 직접 확인해 보고 싶었다. 여러 가지로 궁리한 끝에 공정여행을 실천하면서 팔레스타인 문제에 대해 객관적으로 접근해왔다는 평을 듣고 있는 현지 여행사에 예약을 해 두었었다. 팔레스타인의 요르단강 서안지구에 있는 베들레헴과 헤브론을 다녀오는 여정이다. 숙소 앞에서 트램을 타고 집결 장소인 YMCA로 갔다..

우리 일행은 모두 아홉 명이다. 모두 다른 나라에서 온 네 커플과 일본에서 온 아가씨다. 팔레스타인 문제에 관심을 갖고 있다는

것만으로도 이 투어에 참가한 사람들에게 일단 호감이 갔다. 현지
여행사의 책임자는 사람들을 차에 태우고는 잘 다녀오라고 인사
를 한다. 우리 투어가이드는 팔레스타인 사람이라 예루살렘 시내
인 여기에서 함께 가지는 못하고 경계를 넘어가서 만나게 될 것이
라고 하였다.

이스라엘에 오기 전에 팔레스타인 사람들이 겪고 있는 고통에 대
해 어느 정도 알고 있었고, 그중 하나가 분리장벽에 관한 것이었다.
특히 베들레헴으로 들어가는 길에 설치된 검문소에 길게 늘어선 사
람과 자동차의 행렬은 이미 티브이 화면을 통하여 익숙한 광경이었
다. 검문소에 다다를 시간쯤 되었을 때 구글맵을 확인하니 우리는
이미 팔레스타인 지역으로 넘어 들어와 있었다. 그러면 장벽도, 검
문소도 없어졌단 말인가? 잠시 후 베들레헴에 거의 다 갔을 때 가
이드가 차에 탔다. 수염을 기르지는 않았지만, 전형적인 팔레스타인

사람이다. 유창한 영어로 오늘의 일정에 관해 설명을 시작하였다.

베들레헴은 예루살렘으로부터 남쪽으로 8킬로미터쯤 떨어진, 해발 770미터의 언덕 위에 자리하고 있는데, '빵집'이라는 뜻이라고 한다. 성서에 기록된 바로는 베들레헴은 야곱의 부인 라헬이 아기를 낳다가 죽은 곳이며, 라헬의 무덤으로 알려진 곳이 지금도 이 근방에 있다. 더욱이 이곳은 다윗이 태어난 곳으로서 나중에 사무엘에 의해 유다의 왕으로 추대된 곳이다. 예수가 태어나기 7백여 년 전에 예언자 미카는 이곳에서 이스라엘을 다스릴 이가 나오리라고 예언하였다. 예수의 제자들은 이를 받아 유다 땅 베들레헴에서 통치자가 나와 이스라엘을 보살피리라고 복음서에 옮겨 적으며, 예수를 그 통치자로 보았다.

예수탄생교회로 들어가는 낮은 문

예수탄생교회의 내부

예수는 왜 베들레헴에서 탄생했는가

베들레헴 버스정류장에서 내려 예수탄생교회로 발걸음을 옮겼다. 교회로 들어가는 문은 허리를 굽히고 들어가도록 낮게 만들어져 있다. 작은 문을 들어서니 교회의 넓은 홀이 나타났다. 그런데 첫인상이 좀 칙칙하다. 이스라엘 다른 곳의 교회들은 대개 연한 베이지색이나 흰색 또는 핑크빛을 띤 흰색이 주조를 이루는데 반해 여기는 전체적으로 어두운 회색이고, 여기저기 묻어있는 검은 얼룩은 이 성당이 매우 오래되었음을 느끼게 해 주었다.

이 장소에는 이미 3세기 중반에 콘스탄티누스 대제의 어머니 헬레나의 청원으로 최초의 교회가 세워졌지만 6세기 초반에 불타버렸다. 이후 6세기 중반에 유스티니아누스 황제가 재건한 현재의 교회가 원래의 모습에 가깝게 남아있어, 현존하는 것 중 세계에서 가장 오래된 교회라고 할 수 있다. 이 교회에는 콘스탄티누스 대제 시대에 건설된 최초의 교회에 있던 모자이크도 일부 남아 있어 그 연륜을 느낄 수 있게 한다.

비잔틴 모자이크

이 교회도 예루살렘의 예수무덤성당과 마찬가지로 여러 기독교 교단 사이에 소유권이 복잡하게 얽혀 있다. 예수탄생동굴이 있는 중앙 대성당은 그리스정교 관할이고, 바로 옆에 새로 지은 카타리나 성당은 로마가톨릭 소유다. 우리가 TV에서 보는 성탄자정미사 장면은 카타리나 성당의 모습이다.

예수탄생동굴 앞의 아프리카 순례자

　예수탄생동굴로 내려가는 입구 계단에 아프리카에서 온 가냘프
고 구부정한 아주머니 그룹이 빙 둘러 앉아있다. 동굴 안에서 문을
걸고 미사 중이라 기다리고 있는 것이다. 그런데 그 모습이 마치 시
간 여행 중에 만난 2천년 전 사람들 같았다. 한 할머니는 뚝 떨어져
저만치 따로 앉았다가 나와 눈이 마주치자 씩 웃어준다.

　안에서 미사가 끝나 아프리카 아주머니 그룹이 먼저 들어가고 우
리 일행이 한 줄로 이어서 따라 들어갔다. 그분들 일행이 먼저 예수

탄생 동굴 앞에 엎드려 참배하는데, 채 1분도 안 되어 옆에 선 팔레스타인 경찰로 보이는 사람이 빨리빨리 나가라고 재촉하고 나중에는 밀어내다시피 했다. 손에 든 회초리 같은 막대기를 흔들기까지 한다. 앞에 온 백인 참배자 몇 명은 수십 분 동안 문을 걸어 잠그고 미사까지 했었다. 차별에 우는 사람들이 또 다른 사람들을 차별하고 있다. 그 작은 권력이라도 약한 사람들을 향해 휘둘러야 자기 존재감을 확인할 수 있다는 것인지 영 씁쓸하다.

예수탄생동굴의 베들레헴의 별

예수탄생동굴에는 바닥 한가운데에 14개의 뿔이 달린 은색 별이 있는데 '베들레헴의 별'이라고 부르며 예수가 태어난 위치라고 한다. 별의 14개의 뿔은 십자가의 길 14처를 나타내는 동시에, 아브라

함으로부터 다윗까지 14대, 다윗으로부터 바빌론 유배 시대까지 14
대, 그 후부터 예수까지의 14대를 상징한다고 한다. 그런데 예수탄
생동굴은 그리스정교회의 소유이지만 베들레헴의 별은 가톨릭 소
유이다. 1847년에 그리스정교회 쪽에서 베들레헴의 별을 떼어 감
추는 사건이 발생하면서 예수 탄생지와 관련된 국제적인 분쟁이 일
어났는데, 마침내 크림 전쟁으로까지 확대되었다. 대단한 일이다.
같은 예수의 제자들끼리 그 좁은 동굴 속의 장식품 한 개 가지고 수
많은 사람의 생명을 앗아간 전쟁도 마다하지 않았다니. 이렇게 나
라 사이에 전쟁을 벌여서라도 예수의 탄생지에 1미터라도 더 가까
이 가고자 한 성심은 알겠는데, 정작 여기가 진짜 예수의 탄생지가
맞느냐 하는 훨씬 더 근원적인 질문을 던지는 이들도 있다.

예수의 베들레헴 탄생에 대해서는 네 복음서 중에서 마태오와 루
카 등 두 복음서에 기록되어 있다. 일부 성서학자들은 예수의 베들
레헴 탄생설에 대해 의문을 품고 있다. 성서에서 나사렛 사람인 요
셉과 마리아가 베들레헴에 오게 된 이유로 든 호적 정리는 실제 기
원후 6년에야 시행된 것이고, 그 호적 정리도 세금징수가 목적이어
서 본적지가 아니라 주소지에서 등록하는 것이었으니 당연히 나사
렛에서 해야 했다는 것이다. 그 외에도 예수가 베들레헴에서 태어
나지 않았다는 여러 증거를 제시하며, '나사렛 예수'는 나사렛에서
태어나서 자랐을 것이라고 주장한다.

그것이 사실이라면 왜 두 복음 기자는 예수가 베들레헴에서 태어났다고 해야만 했을까. 성서학자들은 이렇게 해석한다. 당시 유대인들은 자기들을 로마의 압제로부터 구원해 줄 메시아를 열망하였는데, 메시아는 다윗의 후손으로서 베들레헴에서 나올 것이라는 믿음이 있었기 때문에, 예수가 메시아가 되기 위해서는 요셉이 다윗의 후손이 되어야 했으며, 나사렛이 아닌 베들레헴에서 태어난 것으로 하여야 했다고 설명한다. 그럴 수도 있겠다는 생각이 든다. 그렇지만 예수가 베들레헴에서 태어난 것이 아니고, 나사렛에서 태어난 것이 맞는다고 해서 예수에 대한 내 생각이 달라질 것은 없다.

게토의 역설, 팔레스타인장벽

예수탄생교회를 나와 팔레스타인장벽이 설치된 곳으로 갔다. 이스라엘은 팔레스타인 서안지구의 경계를 따라 2012년 기준으로 440킬로미터의 장벽을 설치했고 50 킬로미터를 설치 중이며, 앞으로 210킬로미터를 더 건설할 계획을 하고 있다고 했다. 게다가 분리장벽은 이스라엘과 팔레스타인의 경계를 준수하면서 세워지는 것이 아니다. 이미 여러 곳에서 서안의 내부를 파고들어 서안 내부의 유대인 정착촌을 감싸고 있어 서안지구는 마치 곳곳이 심하게 벌레 먹은 것 같은 흉한 모습이 되어버렸다.

베들레헴 인근의 팔레스타인장벽

분리장벽은 1970년대 이후 이스라엘이 정책적으로 확대해왔던 서안지구 내의 유대인 정착촌 주변에 집중적으로 건설되고 있다. 서안지구 내의 유대인 정착촌은 그 수가 2014년 기준 120여 개에 이르며 인구는 38만 명을 헤아린다. 이스라엘은 유대인 정착촌 주민을 보호한다는 명목으로 군대를 주둔시키고 군사시설을 확충해 나가고 있다. 이에 따라 유대인 정착촌은 성격상 팔레스타인의 서안지구 안에서 군사적 전초기지 역할도 하고 있다. 유대인 정착촌은 계속 확장되고 있으며 그에 따라 장벽 또한 연이어 건설되고 있다. 결과적으로 분리장벽은 이스라엘이 팔레스타인의 영토 안에 자기들의 배타적인 영토를 확장하고 고착하는 데에 결정적으로 기여하고 있다. 우리가 들른 곳에는 높이가 8미터쯤 되는 거대한 콘크리트 장벽이 아랍 마을을 둘러싸고 있었고, 장벽 위 높은 망루에서는 중무장한 이스라엘군이 우리를 내려다보고 있었다.

팔레스타인장벽의 벽화

장벽에는 2005년에 이곳에 들른 영국의 유명한 낙서화가 방크시(Banksy)의 그림과 함께, 팔레스타인의 평화와 이 장벽의 철거를 염원하는 벽화와 낙서들이 가득했다. '학대를 경험한 사람이 다른 사람을 더 학대한다'는 명제가 들어맞는 현장이다. 유럽에서 게토에 격리되어 핍박을 받으며 살았던 기억이 이스라엘 유대인들의 DNA 속에 자연스럽게 녹아 들어가 이런 일을 아무렇지도 않게 자행하고 있는 것인가.

아침에 베들레헴에 들어올 때 우리는 장벽을 보지 못했고 아무런 검문도 받지 않았었다. 가이드의 설명을 들은 후에야 그것이 어떤 상황인지 이해가 갔다. 즉, '장벽은 이스라엘의 안전을 위해 설치한 것이 아니라, 팔레스타인 사람이 불편하게 하려고 설치한 것'이라는 것이다. 그게 그것 같지만, 자세히 들으니 그렇지도 않다. 이스라엘 정부는 이스라엘 국민의 안전을 위하여 테러리스트들의 잠입을 막을 수 있도록 경계를 따라 장벽을 설치하고 검문하는 것이 필요하다고 주장해왔다. 그러나 오늘 아침에 우리가 그랬듯이 조금 우회하면 전혀 제지를 받지 않고 통행할 수 있다. 테러리스트도 똑같이 할 수 있다. 그런데, 문제는 장벽 때문에 팔레스타인 사람들의 공동체와 일상이 파괴되었다는 것이다. 마을을 가로질러 장벽이 세워지면서 마을주민 간의 소통과 교류가 단절되어버렸고, 집과 일터 사이가 장벽으로 막혀 집 앞의 밭에 일하러 가는데 몇 시간씩 돌아다니도록 만들었다. 이로써 마을은 황폐해졌고 사람들은 절망에 빠졌다. 이스라엘이 진정 원하는 것은 이 사람들이 어떠한 희망도 품지 못하게 하여 제 발로 스스로 이 땅을 버리고 떠나도록 만드는 것이라 했다.

또 다른 실향민, 팔레스타인 난민

우리는 장벽을 보고 나서 팔레스타인 난민촌에 들렀다. Dhe-isheh Refugee Camp 라는 난민촌인데 모두 58개에 이르는 팔레스타인 난민촌 중 하나이다.

팔레스타인 난민촌은 1948년 이스라엘 독립 전쟁이나 1967년 6일전쟁 때 발생한 난민과 그 후손들을 수용하고 있는 곳이다. 이들 난민은 이스라엘의 무력에 의해 쫓겨났거나, 전쟁의 공포를 피해 피난을 떠났거나, 아니면 아랍 지도자의 지시에 따라 살던 곳을 떠난 사람들인데, 현재의 예루살렘성안 유대인 구역에 살던 사람들이 대표적인 예라고 할 수 있다. 통계에 따르면 이런 난민들의 수가 400만 명이 넘는데, 그 중 200만 명 가까이가 이웃 요르단에 있고, 가자 지구에 100여만 명, 요르단강 서안에 80만 명 정도 있다고 한다. 이스라엘 전체 인구가 800만 명 정도라는 것을 고려하면 엄청난 수이고, 요르단의 경우에도 상당히 심각한 사회적 부담이 아닐 수 없다.

우리는 난민촌이라 부르고 영어로는 Camp라고 하지만, 언뜻 떠오르듯이 텐트 생활을 하는 것은 아니다. 우리나라 서울의 달동네쯤 생각하면 되겠다. 난민들에게 있어 무엇보다 그들의 처지를 고통스럽게 만들고 있는 것은 뿌리 뽑힌 자로서 미래가 없다는 사실이다. 우리 실향민들과 마찬가지로 여기에 들어온 사람들도 처음에는 몇 달 만 있으면, 전쟁이 끝나면 돌아가겠지 했을 텐데, 그 기대가 무너진 지 60년이 훨씬 더 지났다. 지금 난민 1세대가 숨을 거두는 동시에 4세대가 탄생하고 있다. 난민의 처지를 해결하지 않고 팔레스타인의 문제를 풀 수 없다는 것은 자명하다.

여기에 있는 집들은 대개 3층 이상인데, 처음에는 흙벽돌로 지은 단층의 조그마한 슬래브 집이었다가, 세월이 흘러 식구가 늘어 가

면서, 옆으로 또 위로 계속 증축을 해나갔다. 삐뚤빼뚤한 기둥과 들
쭉날쭉한 담벼락이 건물의 이력을 잘 말해준다. 무엇 하나 물질적
으로 풍족할 일 없고, 정신적으로도 탈진해 있을 법한데도, 동네는
비교적 깨끗하게 청소가 되어 있었다.

난민촌의 실상에 대해서는 여행을 떠나기 전에 책 몇 권을 읽어
대략 알고는 있었지만, 내가 마주 보고 있는 이 상황을 개선하는 데
나서서 할 수 있는 일이 아무것도 없다는 것에 자괴감이 컸다. 더욱
이 이 상황 속에서도 제 살길만 찾는 라말라의 팔레스타인 정부와
기득권자들, 그리고 때때로 대책 없이 국민의 생명을 잃게 만드는
가자 지구의 하마스를 생각하면 이 국민들이 너무 딱하다. 물론 이
스라엘의 책임이 가장 크지만, 팔레스타인 지도자들에게 그들의 적
인 유대인들이 어떻게 기나긴 디아스포라에서 견디고 살아남았는
지 그 지혜를 배울 것을 촉구한다면 너무 잔인한 요구일까.

팔레스타인 난민촌의 주택

황폐한 족장들의 도시, 헤브론

　헤브론은 성서에 자주 언급되는 곳인데, 성서에 나오는 도시 중에서도 가장 오래된 도시에 속하며, 아브라함, 이사악, 야곱 그리고 다윗과 관련되어 있어, 예루살렘, 헤브론, 티베리아스, 쯔팟 등 유대인들이 꼽는 4대 성지 중에서 예루살렘 다음으로 중요하게 여겨지는 성지이다.

　헤브론에는 족장들의 무덤인 막펠라 동굴이 있는데, 유대교와 기독교 그리고 이슬람교 모두 아브라함을 믿음의 조상으로 믿고 있기 때문에 세 종교 모두에게 거룩하고 중요한 장소이다. 창세기에 의하면 고향을 떠나 약속의 땅인 가나안을 떠돌던 아브라함이 죽은 사라를 안장하기 위하여 처음으로 산 땅이 헤브론의 막펠라 동굴이며 여기에 정주하였다. 이후 사라 뿐 아니라, 아브라함도 여기에 묻혔으며, 이어서 이사악과 레베카, 야곱과 레아까지 이렇게 3대 족장 부부가 묻혀있다고 한다. 헤브론은 십자군 시대 잠시를 제외하고는 7세기 중반 이후 이슬람의 지배 아래에 놓여 있었다. 20세기에 들어와 오스만투르크의 지배를 벗어나, 영국의 위임 통치를 받다가 1948년 요르단으로 편입되었으나, 1967년 6일전쟁 이후 이스라엘에 점령되었고 지금은 요르단강 서안(West Bank)의 팔레스타인 자치 지구에 속한다. 오랫동안 소수의 유대인공동체가 이슬람사회와 공존해 왔으나, 20세기 초에 몇 차례 일어난 아랍인

폭동으로 대부분 사라졌고, 6일전쟁 이후 유대교정통파들이 유입되면서 다시 유대인사회가 형성되었다. 현재 이 유대인정통파의 존재가 아랍인이 대부분인 헤브론에 심각한 갈등과 폭력을 일으키는 요인이 되고 있다.

폐쇄된 아랍인 바자르와 이스라엘 군인

우리가 차를 내린 곳은 바자르 근처였다. 매우 큰 규모의 바자르인데 거의 모든 상점의 파란색 문이 굳게 닫혀 있었다. 조금 더 갔더니 가시철망을 두른 높은 담과 무장한 군인이 감시하는 망대가 나타났다. 조금 열린 문틈으로 들여다보니 담장 안쪽으로 꽤 큰 마을이 있는데 모두 비어 있고 저 멀리 한두 집만 사람이 사는 것 같이 보였다. 정통파유대인의 집인데 저 집 때문에 근처에 살던 아랍 사람들이 모두 쫓겨나고 이스라엘 군인들이 철통같이 보호하고 있다고 한다.

조금 더 걸어서 아직 폐쇄되지 않은 바자르 안으로 들어갔다. 양쪽의 2층 건물들 사이로 상가가 나 있는데, 1층과 2층 사이에 그물망이 처져 있다. 눈을 들어 보니 마주 보이는 건물 위에 중무장한 망루가 있다. 이 2층에도 정통파 유대인이 사는데 아무 때나 병이나 깡통, 돌 등을 던지며 충돌을 일으켜 할 수 없이 그물망을 쳤다고 한다. 지금도 그물망에 그런 것들이 널려있다.

이른바 유령촌 안쪽으로 들어가 보기로 했다. 아까 문틈으로 멀리 살펴 보았던 곳이다. 막펠라로 이어지는 큰길을 막고 서있는 중무장한 경비병들에게 여권을 보여주고 들어갔다. 팔레스타인인 가이드는 함께 가지 못하고 우리에게 몇 마디 일러주고는 저만치 밖에 떨어져 있다. 조금 긴장감이 돈다. 마을은 생각보다 훨씬 컸는데, 수많은 상점과 주택이 완전히 비어있어 말 그대로 유령촌이었다.

그런데 저쪽 군 주둔지 쪽에서 어린아이 하나가 뛰어나오더니 이 적막한 대로를 마음껏 뛰어다니면서 이스라엘 병사들과 재미있게 같이 논다. 아이 머리 위에 키파가 얹혀 있는 것을 보면 분명 유대인이다. 이 아이네 식구 몇 명 때문에 많은 군인이 여기에 주둔하고 있고, 수없이 많은 아랍 사람들이 삶터에서 쫓겨나 피눈물을 흘

바자르 안에 쳐진 그물망

리고 있다. 앞에 있는 집에는 'Palestine never existed (and never will)'이라고 크게 쓰인 플래카드가 걸려 있다. 다시 말하면 팔레스타인은 존재한 적도 없고 앞으로도 그런 일 없을 것이라는 얘기인데, 유대인들이 이러한 신념을 갖고 사는 한 평화를 얘기하는 것은 허망해 보인다. 유령촌이 되어버린 이 지역은 얼마 전까지만 해도 팔레스타인의 서안지구에서 가장 번성한 헤브론의 중심지로서 번화하고 활기찬 곳이었지만, 이제는 먼지 바람에 찢긴 간판만 펄럭이는, 말 그대로의 유령도시가 되어버렸다.

유령촌에서 뛰어 노는 유대인 어린이

그때 한쪽에서 함성이 들려서 쳐다보니 철책 너머에서 팔레스타인 소년들이 이스라엘 군인들에게 야유하며 돌을 던지고 있다. 이스라엘 군인들이 지프를 타고 금세 몰려들면서 분위기는 일촉즉발의 긴장감이 돌았으나, 다행히 더 악화하지는 않았다.

군 주둔지 앞에 소담한 꽃으로 장식한 아담한 집이 보이기에 다가가 보았다. 그곳은 아랍 청년들의 자살폭탄공격으로 숨진 유대인 부부의 집이었고, 아랍인에 의한 테러의 참상을 알리기 위해 유대인들이 꾸며놓은 곳이었다.

막펠라의 족장들, 후손은 누구인가

아브라함이 히타이트 사람들로부터 막펠라 동굴을 사서 사라를 장사 지낸 이후, 동굴에는 아브라함, 이사악과 그의 아내 레베카, 야곱의 첫 부인 레아와 야곱이 차례대로 묻혔다. 야곱이 사랑하던 둘째 부인 라헬은 베들레헴 외곽에 묻혔다. 막펠라 동굴 위로는 현재 헤롯 대왕이 건설한 거대한 건물이 지어져 있으며, 이슬람 시대에 미나렛이 추가되었다.

팔레스타인과 이스라엘이 예루살렘을 두고 한 치의 양보도 없이 다투고 있듯이 헤브론도 마찬가지다. 헤브론에 정착한 정통파 유대인인 골드스타인은 1994년 2월 25일에 막펠라 동굴의 이슬람 사원에 들어가 기도하고 있던 이슬람 신자들에게 총기를 난사하여 29명을 살해하고 그 자신은 현장에서 구타당해 사망하였다. 그가 의사의 신분이었음에도 그런 만행을 저질렀다는 것은 이스라엘과 팔레스타인의 뼛속 깊은 증오를 대변한다고 할 수 있다.

골드스타인 학살 사건 같은 참상을 방지한다는 구실로 현재 막펠라는 유대인 구역과 이슬람 구역으로 엄격히 구분되어 출입이 통제되고 있다. 우리는 유대인 구역을 먼저 들르기로 하였다. 검색대를 통과하여 안내소에 다가가니, 안내인이 열심히 한참 무언가를 찾아 우리에게 건네준다. 한글로 된 '헤브론이 이스라엘에 속해야 하는

막펠라의 유대인 구역 입구

이유' 라는 작은 책자이다. 나중에 읽어 보니 그들 논리를 나름대로 적어 놓았는데, 아무래도 내게는 이해되지 않는다.

유대인 구역으로 들어가니 안에 회당이 있고 마침 여러 사람이 모여 예배하고 있었다. 족장들의 무덤을 보려면 저 안으로 들어가야 하는데 끝나기를 기다릴 수밖에 없다. 회당의 가운데에 칸막이가 쳐져 있는데, 그 안쪽에는 검은 옷을 입은 유대교정통파 남자들이 어린아이들을 데리고 기도를 하고 있었고, 바깥쪽에는 여자들이 모여 서서 칸막이 틈새로 안쪽을 넘겨다 보며 기다리고 있었다. 우리는 한동안 그런 모습을 하릴없이 쳐다보고 있다가 시간이 너무 지체되어 나와 버렸다.

막뻴라의 유대인 구역 회당

유대교 회당 입구에는 이 시설들이 뉴욕의 골드만 가문의 기부로 조성되었다는 감사 명문이 새겨져 있다. 세계 금융자산을 독점하고 있는 유대인들의 힘을 어렴풋이 알고 있었지만, 그 힘이 이스라엘을 지탱하는 강력한 후원에 쓰이고 있음을 느낄 수 있었다.

우리는 유대인 구역에서 나와 반대편 쪽에 있는 아랍인 출입구로 다시 들어가는데, 이쪽의 경비가 훨씬 더 삼엄하다. 물론 경비는 팔레스타인 사람이 아니라 이스라엘 군인들이 맡고 있다. 검색대를 지나 긴 복도를 따라 들어가면, 족장들의 무덤이 있는 모스크에 들어가기 전에 의관을 갖추어야 한다.

우선 누구를 막론하고 신발을 벗어야 한다. 그다음에 여자들은 칙칙하고 치렁치렁한 망토로 머리와 몸을 가려야 한다. 아내도 그 옷을 걸치니 틀림없이 베두인 아낙이다.

처음에 들어간 모스크의 넓은 방에는 이사악과 레베카의 가묘가 놓여 있는데 다른 곳에서는 본 적이 없는 특이한 형상이다. 단순

막펠라 이슬람 구역의 입구

하지만 꽤 세련되어 보였다. 진짜 무덤은 지하의 동굴에 있다고 알려져 있다. 조금 더 들어가면 창문을 통해서 아브라함과 사라의 둥그스름한 가묘를 볼 수 있다.

막펠라의 이사악 가묘

　야곱과 레아의 가묘는 유대인 구역에 있는데, 여기서는 보이지 않는다. 이 족장들은 유대인이나 아랍인 모두 조상으로 받들고 있는 존재인데, 그 잘난 후손들이 자기들의 이름으로 서로 싸우고 무덤까지 갈라놓은 것을 보며 어떤 생각을 하고 있을지 궁금해진다. 참배를 마치고 나오는데, 밖에서 이스라엘 군인들이 대오를 지어 구령을 외치며 달려오더니 군홧발 그대로 우리가 방금 나온 모스크 안쪽으로 뛰어들어갔다. 그들의 이러한 무례하고 폭력적인 행동이 놀라울 뿐이다.

　헤브론 시내의 몇 곳을 더 둘러보고 예루살렘으로 돌아가는 버스에 올랐다. 오후의 햇빛을 받은 유대광야는 주황색으로 물들었다. 저 앞 나지막한 산허리에는 현대적인 주택 몇 채가 옹기종기 모여 있는데 높은 장벽이 마을을 에워싸고 여기저기 높은 망루가 세워져 있다. 팔레스타인 땅에 무단으로 침입하여 건설한 유대인 정착촌일 것이다.

오늘 팔레스타인 요르단강 서안의 몇 개 도시를 주마간산으로 훑어본 것에 지나지 않으니 그들의 실상을 제대로 들여다보았다고 할 수 없다. 그럼에도 오늘 스쳐 지나친 장면의 편린만으로도 가슴은 먹먹하다.

역사는 극단주의와 합리주의의 투쟁으로 점철되어 왔다고 들었다. 근현대사를 통하여 극단적인 분열과 갈등의 상황에서 합리적 사고와 뛰어난 리더십으로 역사적 발전을 이루어 낸 인물로 에이브러햄 링컨, 마하트마 간디, 존 에프 케네디 그리고 이스라엘의 이즈하크 라빈 등을 꼽을 수 있을 것이다. 지금도 많은 사람이 이들을 존경하지만 이들은 모두 극단주의자들의 손에 목숨을 잃었다는 공통점이 있다. 역사 발전의 경로에서 이런 희생제는 불가피한 통과 의례인 것인가.

상념이 이어지는 동안 버스는 예루살렘 시내로 들어섰다. 우리는 이 거룩한 도시에서 평화의 길을 찾을 수 있으려나.

08

예루살렘

예루살렘, 평화를 갈구하는 도시

아침 일찍 내려간 호스텔의 식당은 벌써 활기가 넘친다. 준비된 음식은 그동안 지나온 다른 곳들보다는 소박했으나, 사람들의 표정은 하나같이 밝고 유쾌했다. 둘러보니 식당 한쪽으로 바가 있고, 그룹 채팅을 할 수 있는 자리도 많이 만들어져 있으며 그 옆에는 해먹도 달려 있다. 먹고 난 설거지는 스스로 처리한다. 우리 숙소인 호스텔은 신시가 지역에 있는데, 그 위치가 꽤 괜찮다. 예루살렘성까지 10여 분이면 걸어갈 수 있고, 트램이나 버스가 호텔 바로 앞에 선다. 또 유대인 전통시장인 마흐네예후다 시장이 바로 옆이고, 종합버스 터미널도 멀지 않다. 첫날 아침에 길도 익힐 겸 다마스쿠스문까지 걸어가기로 했다. 구불구불한 언덕으로 이어진 하네빔 거리를 따라 걸으니 저만치 앞으로 예루살렘성벽이 보이고 조금 더 다가가니 다마스쿠스문이 나타났다.

예루살렘을 한마디로 정의할 수 있을까. 예루살렘은 히브리어로 '평화의 도시' 또는 '평화의 근원지'라는 뜻을 지녔다고 한다. 그러나 역사적으로 볼 때, 예루살렘은 '평화의 근원지'라기 보다는 '평화를 간절히 기다리는 곳'이라고 하는 것이 더 적절해 보인다. 예루살렘은 지난 수천 년 동안 유대민족뿐 아니라 전 세계 많은 사람의 정신적 고향으로 여겨져 왔으나. 실제로는 여러 인종, 여러 종교, 여러 민족이 끊임없이 얽혀 부딪치면서 싸워온 곳이다. 평화를 상징하지만, 정작 평화로운 적은 별로 없었던 곳이다.

다윗이 여부스족으로부터 이 땅을 빼앗아 이스라엘의 왕도로 삼은 이래 여러 차례 주인이 바뀌었다. 유다에서 바빌로니아, 페르시아, 알렉산드로스, 프톨레마이오스, 셀레오쿠스, 하스모니안, 로마, 비잔틴, 아랍, 십자군, 오스만투르크, 그리고 최근의 요르단에 이르기까지, 지난 3천 년의 대부분은 유대인이 아닌 다른 민족이 이 땅을 다스렸다. 더욱이 여기에 살던 유대인은 로마에 의해 2천 년 전에 이 땅에서 모두 쫓겨나 버렸다. 이후 그 땅에 아랍 사람들이 대대로 뿌리를 내리고 살아온 게 2천 년이다. 어느 날 갑자기 시온주의라는 깃발을 든 유대인들이 물밀듯이 이 땅에 몰려 들어왔을 때 팔레스타인의 아랍인들은 크게 놀라며 걱정도 많았을 것이다. 더 나아가 유대인들이 이 땅에 이스라엘이라는 나라를 세웠을 때, 어떤 사람이 제정신으로 그 같은 상황을 받아들일 수 있을 것인가.

영국과 미국은 팔레스타인 땅에 이스라엘과 아랍 영토의 경계를 획정하고 유엔에서는 이것을 추인한다. 이것은 사실 말도 안 되는 처사지만, 그래도 최소한의 양심은 있어서 아랍인이 실제 많이 거주하고 있는 지역은 아랍 영토에 귀속시키고, 이스라엘에는 네게브 사막 지대와 하이파를 중심으로 한 북서 해안 지역이 할당되었다. 그런데 이마저도 1948년 이스라엘 독립 전쟁을 거치면서 아랍 지역이 한참 더 작아져 현재 우리에게 낯익은 모습, 즉 요르단강 서안과 가자 지구로 나누어진 모습으로 굳어졌다. 이때 예루살렘성을 포함한 동예루살렘 지역은 요르단강 서안과 함께 요르단의 관할로 들어가고, 가자 지구는 이집트 관할로 편입되었다. 그러나 이것도 1967년 그 유명한 6일전쟁 이후 모두 이스라엘에 점령당함으로써 팔레스타인 사람들은 더욱 큰 고통 속에서 살게 되었다. 이때 예루살렘 도성을 포함한 동예루살렘 지역이 이스라엘에 완전히 편입되었다.

예루살렘은 현재 이스라엘에서 가장 큰 도시인데, 크게 구시가와 신시가로 나눌 수 있다. 구시가(Old City)는 예루살렘성으로 둘러싸인 사방 1 킬로미터 정도 되는 작은 지역이며, 나머지 대부분 지역은 신시가에 해당한다. 예루살렘성의 동쪽에 키드론 골짜기가 있고 이 건너편에 올리브산이 있다. 예루살렘성 안은 다시 크게 다섯 개의 구역으로 나뉘는데, 우선 동남쪽 모서리에 성전산으로 불리는 지역이 자리 잡고 있다. 이곳은 현재 이슬람의 바위돔사원과 알아크사 모스크가 있는 이슬람의 성지이며, 유대인들에게도 솔로몬과 헤롯의 성전이 있었던 성지이다. 이 성전산의 북쪽 지역, 즉 성의 북동쪽 지역이 이슬람 구역이고, 성의 북서쪽이 기독교 구역, 남서쪽이 아르메니안 구역, 그리고 통곡의 벽을 포함한 남동쪽 지역이 유대인 구역이다.

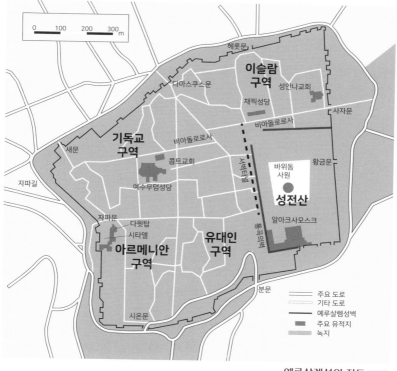

예루살렘성의 지도 (구글)

현재의 예루살렘성은 오스만투르크 시대에 축성된 것으로서, 3천 년 전에 다윗이 도읍을 정했을 때의 모습은 물론이고, 예수 시대의 것과도 상당히 다르다. 이 성은 지금도 완전한 모습을 유지하고 있고 여러 시대에 걸쳐 만들어진 몇 개의 성문을 통하여 출입한다. 북쪽으로는 다마스쿠스문과 새문, 헤롯문이 있고, 서쪽으로는 자파문, 남쪽으로는 시온문과 분문, 동쪽으로는 사자문과 황금문이 있는데 황금문은 영구적으로 봉쇄되어 있다.

다마스쿠스문에 다가가니 아직 이른 시간이라 한산하다. 얼른 사진 두어 장 찍고 근처 택시정류장으로 갔다. 한담을 나누고 있던 택시기사들에게 올리브 산으로 간다고 하니 흰 수염을 기른 할아버지 차를 타라고 한다. 달라고 하는 요금이 조금 비싼 느낌은 있었지만, 이곳의 아랍인들에게 그냥 무언가 작으나마 보탬이 되면 좋겠다는 생각에 그냥 가기로 했다.

올리브산

예루살렘성벽을 지나 언덕길을 올라 도착한 올리브산의 정상은 벌써 많은 사람으로 붐비고 멀리 보이는 황금사원의 돔이 아침 햇살을 받아 눈부시게 빛나고 있다. 황갈색의 성스러운 도시 예루살렘의 모습에 가슴이 벅차올랐다. 나에게 예루살렘은 무엇인가.

올리브산에서 예루살렘을 내려다보는 순례자들

　한 사람의 가톨릭 신자로서 당연한 일이겠지만, 이곳에 머물던 예수의 자취를 더듬어가며 그의 체취를 느껴보고 싶었고, 성서에 기록된 그의 말들이 진정으로 무슨 의미였었는지 되짚어보고 싶었다. 또 이곳을 중심으로 수천 년 동안 복잡하게 얽히며 전개된 인류 문명의 역사에 대하여도 알아보고 싶었으며, 다른 한편으로는 아직도 불화의 땅으로 남아있는 이곳의 복잡한 문제를 제대로 이해할 수 있는 실마리라도 찾으면 좋겠다는 기대 한 조각도 가슴에 품고 왔다.

　지금 내가 서 있는 이 올리브산은 국제법상으로 팔레스타인 땅이다. 역시 산 아래 보이는 예루살렘성도 팔레스타인에 속한다. 그러나 이스라엘이 무력으로 점거하고 있는 이곳에 그 공적을 자랑하는 이스라엘 장군의 기념비는 우뚝한데, 땅을 빼앗긴 주인들은 무기력하게 하루하루 불안한 삶을 이어가고 있다.

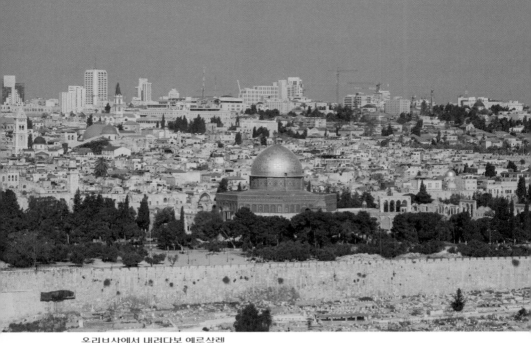

올리브산에서 내려다본 예루살렘

　마당에는 성경 속에서 막 걸어 나온 아저씨가 있었다. 베두인 복장을 한 아랍 아저씨가 곱게 치장한 당나귀를 데리고 다니며 관광객의 사진을 찍어주고 있다. 예수도 파스카 축제를 앞두고 이런 어린 나귀를 타고 이 길을 지나 예루살렘에 입성하였을 것이다. 사람들은 자신들 겉옷을 벗어 그분이 지나가는 길에 깔아주면서 예수를 환영했다. 그들에게 예수는 '주님의 이름으로 오시는 분'이었고 그들은 '호산나'를 외치며 예수를 따랐다.

　지금도 성지주일이면 대추야자 잎을 흔들며 행진하는 사람들로 가득한 그 길을 따라 조금 내려오면 주님의눈물 교회에 닿는다. 주님의눈물 교회는 올리브산에 오른 예수가 곧 아무것도 남지 않고 파

236

올리브산의 당나귀아저씨

될 예루살렘의 운명을 내다보고 눈물을 흘렸다는 루카복음의 기사
를 기념하기 위해 지어진 성당이다.

　루카복음은 예루살렘이 파괴된 72년보다 훨씬 이후에 쓰인 것이
므로, 예수가 실제로 이런 예언을 했는지에 대해 의문을 갖는 사람
도 있다. 사실 예루살렘이 파괴된 것은 대규모 반로마 항쟁에 대한
토벌과 보복의 성격이 컸으므로, 무력에 의해 로마의 지배에서 벗
어나려 하기보다는, '평화적'으로 믿음을 통하여 변화해나갔어야
한다는 루카복음 기자의 짙은 아쉬움을 표현한 것으로 이해할 수
도 있겠다.

주님의눈물 교회 창을 통하여 본 예루살렘

눈물방울의 형상으로 지어진 이 조그마한 교회는 그 건축물도 아름답지만, 거기서 내려다보는 예루살렘의 모습은 아름답기 그지없다. 특히 성당 안에서 유리창을 통하여 보이는 예루살렘의 모습은 눈물겹도록 아름답다.

수난 기약의 겟세마니

주님의눈물 교회에서 조금 더 내려오면 꽤 큰 교회를 만나게 되는데, 겟세마니대성당이다.

주님의눈물 교회

나는 언제 들어도 눈물이 나는 성가가 있다. '수난기약'이다. '근심하고 답답하사 피땀이 땅을 적시네'라는 부분에서는 하늘을 향해 살려 달라고 애원하는 예수의 간절한 기도가 절절히 들리는 것 같다. 살아오면서 교회에 대해 여러 생각이 있었지만 그렇게 절규하는 예수를 완전히 떠나지 못했고, 겟세마니는 내가 예수와 닿아 있는 유일한 접점이었다.

실제의 겟세마니는 짐작해왔던 모습과는 사뭇 달랐다. 꽤 높은 산에 있을 줄 알았는데, 올리브산에 있기는 하지만 키드론 골짜기에 거의 다 내려와서 있었다. 예수가 그 위에 올라 기도를 했음직한 넓은 바위는 교회 안으로 들어가 제단을 받치고 있고, 다른 바위 하나는 기도하는 모습이 새겨져 교회 밖에 놓여 있었다.

겟세마니의 예수 기도 조형물

겟세마니의 올리브나무숲

성당 마당에는 구불구불한 굵은 올리브 나무가 숲을 이루고 있
다. 이 올리브 나무 중 오래된 것은 2천 년쯤 된 것도 있다고 하는
데, 대부분 수백 년은 되어 보였다. 예수 시대에 있었던 그 나무는
아니더라도, 대를 이어 현재의 나무로 자라났을 테니, 어쩌면 예수
가 고통스럽게 절규하던 모습이 그들의 유전자에 간직되어 있을지
도 모르겠다.

겟세마니대성당에서 조금 더 내려와 광장 오른쪽으로 들어가면
눈에 잘 뜨이지 않는 곳에 사도들의동굴 경당이 있다. 이 동굴은 예
수가 겟세마니에서 기도할 때 제자들이 기다리다 잠들었던 곳으로

전해지는 곳이다. 예수가 이곳으로 돌아와 제자들과 이야기하고 있을 때 유다가 수석사제들과 율법학자들과 원로들이 보낸 무리와 함께 와서 예수를 잡아간 장소로 알려져 있기도 하다. 제대 밑에는 잠들어 있는 베드로와 다른 제자의 모습을 나타낸 조각이 놓여 있다. '마음은 간절하나 몸이 따르지 못한다'는 말씀은 꼭 나를 두고 하는 것 같았다.

사도들의동굴 경당 옆에 마리아의무덤동굴 성당이 있다. 향 연기가 가득한 긴 지하 계단을 내려가면, 오른쪽에 마리아의 무덤이었다는 곳에 빈 석관과 제단이 남아 있으나 역사적인 신빙성은 별로 없어 보인다. 성모마리아가 숨진 곳으로는 예루살렘이라는 설과 터키의 에페소라는 설이 있다. 성모마리아가 예수의 제자들과 함께 예루살렘에서 여생을 보냈는지, 아니면 사도 요한을 따라 터키의 에페소로 함께 갔는지 정확히 알 수는 없다고 한다.

올리브산과 키드론 골짜기의 무덤들

올리브산 꼭대기에서 내려다보면, 올리브산의 한쪽 면과 저 앞으로 마주 보이는 예루살렘성벽 밑에 돌무덤이 빽빽하게 들어서 있어, 마치 공동묘지 한가운데에 들어와 있는 것 같은 느낌이 든다. 올리브산 비탈에 들어선 무덤들은 유대인의 공동묘지이고, 키드론 골

올리브산에서 내려다본 무덤들

짜기 건너 예루살렘성벽을 따라 빽빽하게 들어선 무덤은 이슬람 신자들의 공동묘지이다.

예루살렘성벽과 올리브산 사이에는 키드론 골짜기가 있는데 이 골짜기 너머의 올리브산 언덕을 유대인들은 '여호사밧' 언덕이라고 부른다. 여호사밧은 '하느님께서 심판하신다' 는 뜻이라고 한다. 유대인들의 전설에 따르면 최후의 심판 때 모두 무덤에서 나와 선한 이들은 키드론 골짜기를 넘어 예루살렘성전에 모이게 되고, 악한 이들은 계곡 아래로 떨어져 버린다고 한다.

키드론 골짜기를 따라 예루살렘성벽 앞에는 이슬람 신자들의 공동묘지가 있다.

올리브산의 유대인 묘지

예루살렘은 이슬람 신자에게도 매우 중요한 성지이다. 이들도 최후의 심판이 키드론 골짜기로 통하는 예루살렘성 황금문 밖에서 있을 것으로 믿는다고 한다. 그래서 원래는 유대인들과 마찬가지로 죽은 사람을 시온산에 묻었었는데, 이슬람의 통치자와 귀족들이 황금문 근처에 묻히기 원하면서부터 이슬람 신도들의 무덤이 예루살렘성벽 가까이 몰리게 되었다. 황금문은 지금은 돌로 막혀있으나 최후의 심판 때 활짝 열린다고 하며, 그때 이 문을 통해 조금이라도 더 빨리 천국에 들어가고자 하는 염원에서 황금문 가까이에 묻히기를 원했다고 한다.

다윗의 도성, 시온산

예루살렘성의 남서쪽에 있는 시온문은 유대인과 아랍인의 갈등을 상징적으로 보여주는 곳이다. 시온문의 바깥쪽 성벽에는 수없이 많은 총탄 자국이 깊이 패여 있다. 이것은 1948년 이스라엘 독립전쟁 때 총탄과 포탄으로 생긴 상흔이다. 이 시온문을 나서면 바로 시온산에 닿는다. 이곳은 다윗이 처음으로 예루살렘 도성을 세운 곳이라고 알려져 있으며, 이를 증명이라도 하듯이 이 지역 한가운데에는 다윗 무덤이라고 내세우는 곳도 있다.

예루살렘성의 시온문

　유대인에게 시온이라는 말은 특별하다. 이 시온산에 국한하기도 하지만, 대개는 예루살렘 전체, 더 나아가서는 하느님의 나라를 일컫는 말로 쓰여 왔다. 그러나 다른 한편으로는 시오니즘의 부정적 측면이 연상되기도 한다.

　시온산은 유대인들이 성지로 여기는 곳으로, '다윗의 무덤'을 비롯하여 여러 개의 시나고그가 자리 잡고 있다. 이곳은 기독교인들에게도 역시 매우 중요한 성지다. 최후의 만찬과 성령의 강림이 이루어진 곳이요, 예수의 제자들이 성모 마리아와 함께 머물렀던 곳으로서, 초대 기독교공동체의 발상지로 여기기 때문이다.

246

그런데 역설적인 것은, 같은 건물의 1층에 다윗의 무덤과 시나고 그가 있고, 그 2층에는 최후의 만찬 경당이 있는데, 그 건물은 이스라엘 독립전쟁 이전까지 이슬람 모스크였었다. 그래서 이 3자 간에는 지금도 그 소유권을 놓고 계속 다툼이 이어지고 있다고 한다. 골목길을 걸어 다윗묘로 향했다.

성서에 기록된 다윗은 지금의 눈으로 보아도 매우 매력적인 남자다. 용맹한 투사이면서 아름다운 사랑도 할 줄 아는 음유시인인 데다가, 강한 믿음을 갖고 있으면서도 크고 작은 실수와 반성을 거듭하는 아주 인간적인 면모를 볼 수 있기 때문일 것이다. 게다가 성서는 메시아가 다윗 가문에서 나올 것이라는 예언까지 하고 있다. 그러니 신약성서에서조차 다윗으로부터 예수로 이어지는 족보를 길게 써넣고 예수가 메시아의 조건을 갖추고 있음을 역설하고 있다.

다윗묘로 가는 골목길

다윗의 상

다윗묘가 있는 건물 앞에는 하프를 켜는 다윗의 상이 서 있다. 언제 봐도 매력적이다. 건물 안에는 세계시오니즘본부와 시나고그가 들어 있으며, 그 안쪽으로 다윗의 무덤이 있는데 당연히 가묘이다. 건물 앞에서 두리번거리고 있으니 랍비가 웃으며 다가와 들어가서 자세히 보고 사진도 자유롭게 찍으라고 권유를 했다. 덕분에 평소에 보고 싶었던 성경학교인 예시바도 찬찬히 살펴볼 수 있었다. 다윗묘 2층에는 예수가 제자들과 최후의 만찬을 가졌던 것을 기념하는 경당이 있다.

유대인들은 이집트를 탈출하기 전에 자신들의 집을 그냥 지나치며 맏아들의 목숨을 살려준 하느님의 고마움을 기억하면서, 매년 파스카 축제를 지낸다. 우리말로는 유월절이라고도 한다. 예수는 제자들과 마지막 식사 때에 파스카 음식을 나누었다. 파스카 음식은 이집트에서의 종살이와 사막에서의 유목 생활을 상징적으로 나타낸다. 이때 먹는 음식은 일곱 가지인데 각각 이집트 탈출에 관련된 의미를 담고 있다고 한다. 달콤한 소스는 그들의 조상들이 만들던

벽돌을, 소금물은 그들의 눈물을, 완전히 익힌 달걀은 그들의 가난함을, 쓴 나물은 종살이의 고달픔을, 어린양의 정강이 살은 희생제물로서의 어린양을, 누룩 없는 빵은 그들의 급박했던 탈출을, 그리고 파슬리는 새로운 희망을 상징한다고 한다.

예수는 마지막 몇 시간을 이렇게 전통적인 파스카 의식을 거행하며 보냈는데, 기독교인들은 이 파스카 음식이 새로운 차원으로 변화되었다고 믿는다. 이제 빵은 예수의 몸이 되고 포도주는 예수의 피가 된다. 예수는 자기 죽음이 모든 사람에게 새로운 자유를 가져다줄 것이라고 하였다. 예수가 제자들에게 "나를 기억하여 이를 행하여라"고 한 말은 기독교 전례의 중심이 되었다.

예수가 제자들과 함께 최후의 만찬을 나누었던 장소는 정확히 알 수 없다. 사실 오늘날 이스라엘에서 볼 수 있는 대부분의 기념성당은 비잔틴 시대의 기념성당 터에 새로 지은 것들이다. 현재의 경당은 14세기에 프란치스코 수도회가 원래 비잔틴 기념성당이 있던 터에 2층의 고딕식으로 다시 지은 것이다. 이후 16세기에 오스만투르크가 이슬람 모스크로 개조하여 내려오던 것을 1948년 독립전쟁 이후 이스라엘 정부가 점유하고 있다. 이후 지상층은 다윗 무덤이 들어서고 유대교 시나고그와 탈무드 학교로 개조되었다. 위층의 성령강림기념경당은 다윗 무덤과 시나고그 바로 위에 있다는 이유로 폐쇄되었으나, 최후의만찬기념경당은 누구나 자유로이 출입할 수 있도록 개방되었다. 그렇지만 이 경당 안에서는 어떠한 종교적 전례 행사도 거행할 수 없도록 법으로 제한하고 있다.

마리아영면성당

예수가 마지막으로 제자들과 유월절 음식을 나누고, 예수의 승천 후 오순절에 제자들이 성령 강림을 체험했다고 알려진 이곳은 초기 기독교공동체의 중심지가 되면서 구원의 도시인 '거룩한 시온'으로 인식되기 시작하였다. 현재 이 경당은

이슬람 모스크의 모습 그대로 아무런 내부 시설 없이 빈 공간으로
남아있다.

  최후의만찬경당 바로 옆에는 꽤 큰 규모의 '마리아영면성당'이
있다. 초기 기독교 전승에 따르면 성모 마리아는 이곳 시온산에서
제자들과 함께 여생을 보낸 후, 키드론 계곡에 묻히고 그곳에서 승
천하였다고 한다. 이것을 기념하여 이 성당을 세운 것인데, 지금의
성당은 19세기 말 독일의 빌헬름 2세 황제가 예루살렘을 방문한 답
례로 오스만투르크의 압둘 하미드 술탄이 기증한 터에 새로 지은
것이다.

통곡의 벽에서 누가 우는가

예루살렘성의 자파문을 통해 통곡의 벽으로 가려면 유대인 구역을 통과하여야 한다. 공항에 있는 것과 비슷한 검색대를 지나 골목을 조금 들어가니 지금까지 본 예루살렘성의 다른 구역과는 전혀 다른 모습이다. 서유럽의 깨끗하게 단장한 중세 도시의 모습 그대로였다. 사람들의 얼굴은 밝았고 아이들은 명랑하게 뛰어다녔다. 집들은 모두 깨끗하고 멋져 보였으며 상점은 고급스러운 물건들로 채워져 있었다. 그런데 마음 한구석이 불편했다. 원래 이 구역도 아랍인들이 살았던 곳인데, 이스라엘 독립전쟁 후 여기 살던 사람들을 몰아내고 유대인들만 거주하는 유대인 구역으로 삼았다. 이곳에 살던 사람들은 전에 들렀던 베들레헴의 난민촌이나 또 다른 난민촌에서 팔레스타인난민이라는 이름으로 고통스러운 삶을 이어 가며, 지금도 **빼앗긴** 이곳으로 돌아오기를 고대하고 있다.

통곡의 벽만큼 유대 민족의 영욕을 그대로 잘 나타내고 있는 곳도 없는 것 같다. 통곡의 벽은 헤롯 대왕이 재건한 예루살렘 제2성전의 서쪽 벽이다. 제2성전은 예수 시대 직전, 로마의 속주인 유대의 왕이었던 헤롯 대왕에 의해 기원전 20년에 재건이 시작되어 기원후 64년에 완성되었다. 재건된 성전은 다시 한번 이스라엘 민족의 중심이 되었으며, 성전 서쪽 끝에는 지성소가 있었고, 이곳이 현재 통곡의 벽 너머에 해당한다.

예루살렘성의 서벽 또는 통곡의 벽

성전은 당시 종교의식의 중심지였을 뿐 아니라, 성경을 비롯한
문서를 보관하는 곳이기도 했고, 유대인들의 최고 법정인 산헤드린
의 집회소이기도 했다고 한다. 66년에 시작된 로마에 대한 반란은
70년 티투스(Titus)가 이끄는 로마군에 의해 진압되었고, 그때 예
루살렘성전도 완전히 파괴되었는데, 유대인들에게 경고하는 의미
로 성전의 서쪽 벽만 일부 남겨 두었고, 그것이 지금의 통곡의 벽이
라고 한다. 유대인들의 전승에 따르면 그날은 히브리 달력으로 아
브(8월)달의 9일째 되는 날로서 공교롭게도 기원전 586년에 바빌
로니아가 솔로몬 성전을 파괴된 날과 같은 날이라고 한다.

통곡의 벽과 그 위의 바위돔 이슬람사원

　이후 132년에 '별의 아들'이라는 별명을 가진 바르 코크바가 주
도한 반란은 황제 하드리아누스에 의해 진압되고, 유대인들은 다시
예루살렘에서 추방되었다. 이후 유대인들은 1년에 딱 한 번 성전이
파괴된 히브리 달력으로 아브달 9일에만 예루살렘 입성이 허락되
었다. 이처럼 예루살렘성전의 서벽 즉 통곡의 벽이 제2성전 가운데
오늘날까지 남아 있는 유일한 마지막 유적지이기 때문에 지금까지
유대인들의 희망과 순례의 중심이 되어왔다. 특히 오스만투르크 시
대 이후 이스라엘은 물론 전 세계에 흩어진 유대인들에게 민족의 단
결 및 구원의 상징으로 비치기 시작하였다. 현재 이 벽은 성전산 담

벼락의 일부가 되어있는데, 성전산에는 7세기 말에 이슬람교도들이 세운 '바위돔사원'과 '알아크사 모스크'가 들어서 있다. 벽은 자연석을 가공하여 쌓은 석축인데, 아래 15미터 정도는 큰 돌로 쌓았고, 위쪽 5미터 정도는 작은 돌로 쌓았다. 이 중 큰 돌로 쌓은 부분이 원래 헤롯 성전의 석축이고 위쪽 부분은 오스만투르크가 증축한 것이라고 한다. 사실 성벽은 이 광장 높이에서 십여 미터는 더 아래로 내려가 있는데, 예루살렘성과 성전이 파괴될 때 그 잔해들이 높이 쌓였기 때문이라고 한다. 나중에 서벽터널(Western Wall Tunnel)에 들어가서 성벽의 원래 모습을 확인할 수 있었다.

통곡의 벽에 들어가기 위해 검색대를 지나면 넓은 광장에 이른다. 이 광장은 서벽과 나란히 세워진 낮은 담장으로 나누어지며, 그 안쪽 공간을 다시 둘로 나누어 왼쪽은 남자, 오른쪽은 여자들이 기도하는 공간으로 만들어 놓았다. 담을 넘어 여자 쪽을 들여다보는 남자는 없는데, 여자 쪽에서는 의자를 딛고 서서 남자 쪽을 넘겨다보며 사진을 찍는 사람이 꽤 많았다. 남자는 관문이 하나 더 있다. 키파를 써야 한다. 키파는 유대인들이 정수리에 얹는 동그란 접시 같은 모자다. 나도 입구에 있는 통에서 하나 집어 들었지만 어디가 앞인지 통 모르겠다. 대충 머리에 얹었는데, 바람이 부니 그냥 날아가 버린다. 한 청년이 주워주며 웃는다. 자세히 보니 그 사람들은 머리핀으로 고정한 것 같다. 이번엔 나도 머리 모양에 맞추어 다시 쓰니 아까보다는 좀 나아 보인다.

통곡의 벽에는 여러 부류의 사람들이 모여있었다. 예시바 학생으로 보이는 까만 벙거지에 코트까지 차려입고 벽에 바짝 붙어서 기도를 드리는 유대 정통파 청년에서부터, 흰 숄을 걸치고 독서대에 앉아 성서를 읽는 흰 수염의 할아버지, 간편한 차림이지만 벽에 한 손을 딛고 깊은 감회에 빠져 기도를 올리는 순례자, 그리고 어디에서도 볼 수 없는 생경한 풍경을 카메라에 담으려고 분주한 여행자에 이르기까지. 나도 잠시 카메라를 거두고, 벽 앞에 섰다. 오른손을 들어 손가락을 벽에 살며시 대어 보니 차지도 따뜻하지도 않은, 매끄럽지도 거칠지도 않은, 살짝 끌어당기는 느낌이 전해져 왔다. 돌 틈은 돌돌 말아 끼워 넣은 기도문 종이로 가득 메워져 있다. 모두가 절절한 기도를 담고 있을 터이다.

성벽 돌 틈에는 사막 식물도 자라고 있었는데, 멀리서 보면 불에 탄 흔적 같기도 하고, 포탄에 맞은 것 같기도 해서, 까만 옷을 입고 벽에 붙어 있는 하레디들과 함께 기묘한 분위기를 만들어내고 있다. 가장 눈에 많이 띄는 것이 Thorny Caper라고 하던데, 우리말로는 무엇이라 하는지 모르겠다. 삭막한 돌 틈에서도 끈덕지게 생명의 뿌리를 내리는 이 풀의 모습에서 유대인의 모습을 본다.

통곡의 벽으로 알려진 성전산의 서벽은 헤롯 성전의 서쪽 벽 전체가 아니고 일부분만 노출된 것이다. 성전이 로마에 의해 파괴되어 버려진 후에도 서쪽 벽은 남아 있었지만, 많은 부분이 성전의 잔

통곡의 벽에서 기도하는 하레디

통곡의 벽

해에 파묻혀 버리고 지금과 같이 일부분만 드러나게 되었다고 한다. 그 잔해 위에 여러 대에 걸쳐 집들이 들어섰고, 오스만투르크 시대에 대대적으로 도성에 대한 재건축이 이루어지면서 현재와 같은 도시의 모습이 완성되었다. 이로써 헤롯 대왕이 지은 제2성전 서벽의 많은 부분이 도시의 지하에 묻혀 버리게 되었다. 이후 이스라엘의 예루살렘 도성 점령 후 헤롯 성전의 모습을 찾고자 하는 유대인들의 노력이 본격적으로 진행되어, 성전의 잔해가 켜켜이 쌓여 도시의 지하에 묻혀있던 헤롯 성전의 서벽을 거의 그대로 되찾아 내는 놀라운 성과를 이루고 일반에게도 공개하고 있다. 이곳을 탐방하려면 예약을 해야 하는데, 우리는 서울에서 미리 인터넷으로 예약을 했다. 정해진 시간에 서벽 입구에 가까이 있는 서벽터널 입구에 모여 전문가이드를 따라 30분 정도 지하 터널을 따라가면서 유적에 대한 설명을 듣는다. 터널 입구를 지나면 바로 가파른 계단을 따라 한참 내려가게 되는데, 계단을 내려서면 바로 거대한 벽이 앞을 가로막는다. 여기가 원래 성벽의 바닥이다. 지금 밖에 있는 통곡의 벽 광장보다 10여 미터 아래이다. 성벽 하단의 돌들은 그 규모가 상당하다, 이집트 기자의 쿠프왕 피라미드 기단의 돌보다도 크다고 한다. 그중 가장 큰 것은 길이 13.6미터, 높이 3미터, 폭 약 4미터고 무게는 520톤 에 달하는데, 기계를 사용하지 않고 인간이 들어 올린 것 중 가장 무거운 것이라고 한다. 돌의 표면은 매끄럽게 가공되어 있었다. 특히 헤롯 건축물의 특징이라고 알려져 있듯이 각 모서리가 액자의 프레임같이 가공된 것이 눈에 뜨였다.

서벽터널의 내부

터널을 따라가다 보면 중간중간 넓은 공간이 나타날 때가 있다. 예루살렘성의 폐허 위에 새로운 도시를 건설할 때 잔해로 남겨진 석재를 있는 그대로 기반으로 하여 그 위에 아치 형태의 구조를 얹어 집의 바닥을 만든 것이다. 터널 안에는 지하수가 모여 우물이 된 곳도 있는데, 재미있는 사실은 비잔틴 시대나 이후 오스만투르크 시대에도 이러한 지하 공간과 우물의 존재를 알고 이 물을 길어 썼다고 한다. 머리를 들어 10여 미터 위에 있는 아치 천장을 자세히 보니 두레박이 오르내리던 구멍이 여기저기 눈에 띈다.

서벽터널의 어느 지점에서는 유대교 정통파 여인들이 모여 기도하는 모습을 볼 수 있다. 바로 그 벽 너머에 헤롯 성전의 지성소가 있었는데 그것을 이슬람으로부터 되찾기 위해 기도하고 있는 것이라고 한다. 성전산은 지금 이슬람이 엄격하게 출입을 통제하고 있지만, 유

서벽터널 천장의 두레박 구멍

대인은 교리적으로도 성전산에 들어가는 것이 금지되어 있다. 원래 지성소에는 수석사제만 들어갈 수 있고 다른 사람이 들어가면 죽음을 면치 못한다는 계율이 있어서, 유대인은 누구라도 거기에 들어갈 수 없다는 것이 유대교 랍비들의 가르침이라고 들었다. 이유야 어떻든 유대인들이 성전산에 들어가지 못하게 된 것은 더 큰 불행을 막는 다행스러운 일로 보인다. 그런데 요즈음 성전산을 나누어 제3성전을 지어야 한다는 유대인 강경파들의 목소리가 커지고 있어, 새로운 분쟁을 염려하게 된다.

올리브산을 배경으로 한 바위돔사원

예루살렘성의 아랍인

지금 통곡의 벽 너머 성전산 위에는 예루살렘을 대표하는 상징물로서 '황금사원'으로 잘 알려진 이슬람의 '바위돔사원 (The Dome of the Rock Mosque)이 우뚝 서 있다. 이슬람 전승에 따르면 무함마드는 가브리엘 대천사의 안내로 메카에서 예루살렘으로 와서 승천했는데, 그곳이 바로 현재 바위돔사원 안에 안치된 큰 바위였다는 것이다. 이슬람에서는 믿음의 조상 아브라함이 하느님에게 번제를 지낸 곳도 여기라도 믿고 있다. 이런 이유로 이슬람교인들은 이곳을 성지로 여기고 있으며, 7세기 말에 이곳에 대사원을 건설하였다. 이후 기독교와 이슬람이 이곳을 서로 뺏고 뺏기기를 반복하였

는데, 현재의 웅장하고 화려한 대사원은 1964년에 완공된 것이다. 이때부터 바위돔사원은 예루살렘을 대표하는 건축물로서 상징적인 의미를 갖게 되었다.

유대인 구역에서 시작하는 서벽터널의 출구는 뜻밖에도 이슬람 구역의 복잡한 전통시장 골목 안에 있다. 기독교 신자들이 예수의 고통과 죽음을 묵상하며 걷는 순례길 비아돌로로사의 많은 부분도 마찬가지로 이슬람 구역의 미로같이 복잡한 상가를 거치게 된다. 이슬람 구역의 시장에는 이콘이나 각종 기독교 성물을 파는 가게부터, 유대 기념품이나 아랍 기념품을 파는 가게는 물론이고, 식당, 사탕가게, 화장품가게, 밑반찬가게, 심지어 푸줏간까지 없는 것이 없다. 여느 시장이 다 그렇듯이 여기도 생기가 넘치고 사람사는 냄새가 가득하다. 시장 골목의 대리석 바닥은 사람들의 발걸음에 닳고 닳아 반짝반짝 빛나고 있다.

이스라엘은 유대 국가를 표방하고 있지만, 국민 중에 아랍인이 약 20퍼센트에 이른다. 이스라엘 국민 중 유대인은 남녀 모두 징병의 의무를 지게 되어있으나 아랍인 등 비유대인은 군대에 갈 의무가 없다. 유대인 남자는 36개월, 여자는 21개월을 군에서 복무한다. 언뜻 보면 아랍계 국민들이 특혜를 받는 것처럼 보이기도 한다. 그러나 자세히 들여다보면 결국은 비유대인을 차별하는 것이라는 것을 알 수 있다. 공공기관을 비롯한 웬만한 기업은 군대를 다녀온 사람에 한해 채용을 한다. 이와 같이 병역을 마친 국민에게 다양한 혜택을 베풀고 있으니, 병역을 마치지 못한 아랍계는 당연히 불이익을 받게 된다. 이스라엘에서 유대인에 비해 아랍계 국민의 실업률은 두 배에 이르며, 더욱이 이들은 대부분 저임 부문에 종사하고 있다고 한다.

재미있는 사실은, 유대인이라도 초정통유대교인인 하레디는 징집대상이 되지 않는다. 단 예시바의 학생 신분이어야 면제 자격을 인정받을 수 있기 때문에 하레디들은 예시바를 떠날 수 없고 병역을 자원하여 마치지 않는 한 직업도 가질 수 없는 상태가 된다. 1950년 병역법이 제정될 당시 이에 해당하는 하레디는 400여 명 정도였는

군밤파는 아랍계 소년

데, 지금은 그 수가 수만 명에 달한다. 병역의무를 이행하지 않고 직업도 갖지 않는 하레디들은 당연히 다른 유대인들에게 미움의 대상이 되었다. 그러나 다른 면에서 볼 때 하레디 역시 고통 받는 소수자라고 할 수도 있다. 그들은 징집을 면제받으려면 마흔 살이 될 때까지 예시바 학생으로 남아있어야 하며, 이에 따라 경제적인 활동도 할 수 없는 상태에 놓이게 된다. 이로써 아랍계 국민과 마찬가지로 하레디들도 빈곤층으로 전락해가고 있다고 한다.

비아돌로로사 표지판

십자가의 길, 비아돌로로사

십자가의 길(Via Dolorosa)은 예수가 사형 선고를 받은 후 십자
가를 지고 골고타 언덕에 이르기까지 일어났던 14가지의 중요한 사
건을 통해 예수의 수난과 죽음을 묵상할 수 있도록 만들어진 길이
다. 예수 시대에는 이 길의 대부분이 예루살렘성 밖에 있었으나, 로
마가 예루살렘성을 파괴한 이후, 오스만투르크가 예루살렘을 재건
하는 과정에서 이 길이 성안으로 들어오게 되었다. 예수가 십자가
를 지고 지나간 길과 사건이 있었던 지점을 정확히 그대로 밝혀냈다
고 볼 수는 없지만, 예루살렘 성지관구를 관장하고 있는 프란치스
코 수도회가 가장 신빙성이 있다고 믿을만한 장소를 찾아내었고,

266

아랍인시장을 지나는 비아돌로로사

이를 교황청에서 공식적으로 인정하였다고 한다. 우리나라 성당에서도 쉽게 볼 수 있는 십자가의 길 십사처도 이 비아돌로로사를 따라 만들어진 것이다. 비아돌로로사는 순례자들이 쉽게 따라갈 수 있도록 건물 모퉁이마다 안내판이 붙어있다.

비아돌로로사는 대부분 아랍인구역에 속해 있는데, 매우 복잡한 상가를 지나는 경우가 많다. 현재 비아돌로로사를 따라 지정되어있는 14처를 간단히 소개하면 다음과 같다.

제1처는 예수가 빌라도로로부터 사형선고를 받은 장소다. 예수 시대에는 로마군대가 주둔한 안토니오 요새였는데, 지금은 아랍계 알

제5처에서 손바닥을 맞추어보는 순례자

오마리아 학교가 들어서 있다.

제2처는 예수가 십자가를 진 곳이다. 제1처 바로 앞에 있으며 지금은 프란치스코 수도회의 채찍성당이 들어서 있다.

제3처는 십자가를 진 예수가 첫 번째로 넘어진 장소다. 지금은 아르메니아교회가 자리 잡고 있다.

제4처는 예수가 성모마리아를 만났다고 전해지는 장소이다. 역시 아르메니아교회가 들어서 있다.

제5처는 키레네 사람 시몬이 예수의 십자가를 대신 짊어진 곳이다. 이곳에는 힘들어 지친 예수가 손을 짚어 패인 것과 같은 자국이 있어 손을 맞추어 보게 된다.

제6처는 성 베로니카가 수건으로 예수의 땀을 닦아 드린 곳이다. 지금은 예수의어린자매들 수도회 소속의 작은 경당이 있다.

제7처는 예수가 두 번째로 넘어진 장소다. 지금은 프란치스코 수도회의 작은 성당이 있다.

제8처는 예수가 울부짖는 예루살렘의 여인들을 위로한 곳이다. 그리스정교수도원 벽에 십자가가 붙어있다.

제9처는 예수가 세 번째로 넘어진 장소이다. 콥트 교회의 문 안쪽 기둥에 십자가가 세워져 있는 곳이다.

제10처에서 14처까지는 골고타 예수무덤성당 안팎에 있다.

제10처는 예수무덤성당 문에 있는 계단 주변이며 예수가 옷을 벗긴 장소이다.

제11처는 예수가 십자가에 못 박힌 장소이다.

제12처는 십자가가 세워진 곳이다.

제13처는 숨을 거둔 예수를 십자가에서 내려 염한 장소이다.

제14처는 예수가 안치되었던 무덤이다.

골고타와 예수 무덤

골고타는 예수가 십자가에 못 박혀 죽은 뒤 묻혔으며 사흘 만에 부활한 곳으로, 기독교인들이 가장 성스럽게 여기는 곳이다. 이곳에 세워진 성당은 '예수무덤성당' 또는 '예수부활성당'이라고 부른다. '골고타'라는 말은 '해골'을 의미하는 히브리어나 아람어가 그리스어 식으로 와전된 발음이며, 라틴어로는 같은 의미로

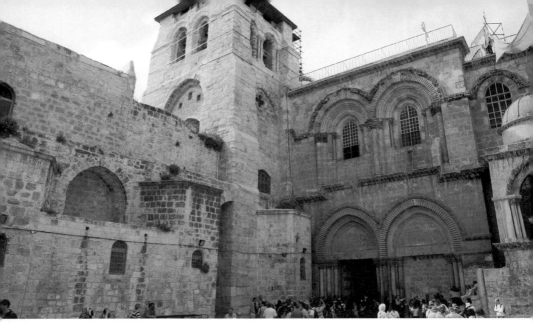

예수무덤성당

'갈바리아'라고 부른다고 한다. 골고타와 예수 무덤의 원래 모습은 사라진 지 이미 오래되었고, 지금 있는 성당은 나중에 지어진 것이다.

이곳에는 326년에 로마의 콘스탄티누스 대제가 어머니 헬레나의 청에 따라 기념성당을 처음으로 지었다. 그 이후 최근까지 파손과 복구를 수없이 반복하면서 현재의 모습에 이르고 있다. 이런 과정에서 가톨릭교회와 그리스정교, 아르메니아정교 간에 성당 내의 소유권과 관할권이 복잡하게 얽히게 되었으며, 분쟁의 원인이 되어 왔다. 여기에 더하여 시리아정교, 콥트교회, 그리고 에티오피아정교까지 자기들 몫을 주장하고 있어 상황을 더 복잡하게 하고 있다. 이 성당이 원래 가진 의미를 생각하면서 숙연한 마음으로 이 성당에 들어서면 깜짝 놀라게 된다. 엄숙함이나 장엄함보다는 무질서하게 들어선 내부구조물들과 번쩍거리는 잡다한 장식물이 먼저 정신을 산란하게 만든다.

성당의 소유권이나 관할권에 대해 기독교 종파 간에 다툼이 있는 것보다 더 특이한 것은 이 성당의 문을 여닫는 권한을 아랍계의 두 가문이 갖고 있다는 점이다. 12세기 말에 십자군으로부터 예루살렘을 되찾은 살라딘은 성당의 출입을 제한하며 입장료를 내도록 하였다. 이후 13세기 중반에 술탄 아유브는 두 이슬람교도 가문에 성당 출입문의 열쇠를 주면서, 한 가문에게는 출입문의 열쇠를 보관할 수 있는 권한을, 다른 한 가문에게는 출입문을 열고 잠그는 권한을 법적으로 부여하였다. 이 권한은 800년이 지난 지금도 계속 유지되고 있다.

예수무덤성당의 출입문

제10처 예수무덤성당 광장

제12처 골고타의 십자가

비아돌로로사의 제10처에서 제14처까지는 예수무덤성당 안팎에 지정되어 있다. 제10처는 예수무덤성당 출입문 옆에 있는 계단 주변이며 로마 군인들이 예수의 옷을 벗긴 장소이다. 요한복음에 따르면, 로마 군사들이 예수를 십자가에 못 박고 나서 예수의 옷을 네 몫으로 나누어 저마다 한 몫씩 차지하였고, 속옷은 제비를 뽑아 가졌다고 했다. 예수의 죽음을 기리는 성당을 기독교의 여섯 종파가 나누어 갖고, 성당의 문은 이슬람 가문이 가져간 이런 상황은 예수가 죽음을 맞이했을 때의 모습과 똑같이 닮아있다.

비아돌로로사의 제11처는 예수가 십자가에 못 박힌 장소이며, 제12처는 십자가가 세워졌던 곳으로, 예수 무덤 성당에서 가장 높은 골고타 바위 위에 있다. 예수 시대에 십자가형은 매우 잔인한 처형

제13처 예수를 염한 석판

방법으로써 로마인들이 사람들에게 공포심을 불어넣기 위해 사용했다. 선고받은 사람은 먼저 채찍질을 당했고 그 뒤 십자가의 가로대를 처형장소까지 끌고 갔다. 그곳에서 죄수의 양 손목을 십자가 가로대에 못 박고, 땅에 박혀있던 말뚝에 가로대를 끌어 올려 고정한 후 발목에 또 못을 박았다. 그의 죄명은 표지에 적어 십자가 위에 달아 걸었다. 매달린 몸이 횡격막을 강하게 잡아당겼기 때문에 거의 숨을 쉴 수 없었다. 죄수가 하루 이상 의식이 남아 있기도 했는데 이런 경우에는 군인들이 다리를 부러뜨려 숨을 빨리 거두게 하기도 하였다고 한다.

제13처는 숨을 거둔 예수를 십자가에서 내려 염을 한 장소이다. 당시 유대인의 장례 풍습에 따라 제자들은 예수의 시신에 향료를 바르고 염포를 감아 묶었다고 한다. 이곳은 예수의 몸이 닿았을

274

제14처 예수의 무덤

석판에 손을 올리고 기도하거나 엎드려 입을 맞추려는 사람들로 가득하다.

　제14처는 예수의 무덤이다. 예수가 죽은 뒤 묻힌 무덤에 대해 성서에서 말하고 있는 것을 요약하면 다음과 같다.

　　예수가 묻힌 곳은 골고타 근처에 있는 정원의 새 무덤이었다. 그 무덤은 바윗돌을 깎아서 만든 것으로서 무덤 입구에는 커다란 둥근 석문이 놓여 있었다. 그 무덤의 주인은 당시 유다 최고의회의 의원인 아리마태아 출신 요셉이었다. 그는 예수를 몰래 따르던 사람이었고, 동료 니고데모와 함께 예수의 시신을 무덤에 안치하였다. 예수의 무덤은 커다란 석문으로 굳게 닫혔고, 경비병이 그 무덤을 지켰다. 그러나 안식일 다음 날 무덤에 가서 봤더니 굳게 닫혀있던 석문이 열려 있었고, 그 무덤 안은 텅 비어 있었으며, 부활한 예수는 제자들에게 나타났다.

예수 시대에 골고타는 성 밖의 불모지였고, 무덤이 즐비했다고 한다. 골고타와 예수 무덤의 원래 모습이 사라진 지는 오래되었다. 이미 2세기 중반에 로마의 하드리아누스 황제는 골고타 언덕을 깎고 메워 그 위에 주피터와 비너스의 신전을 세웠다. 로마에서 기독교가 공인된 4세기에 콘스탄티누스 대제의 어머니 헬레나가 예루살렘으로 성지순례를 왔는데, 주피터와 비너스 신전이 자리 잡고 있는 곳이 골고타와 예수의 무덤이라는 이야기를 전해 듣는다. 헬레나는 바로 아들에게 도움을 청하며 이에 따라 신전은 헐리고, 예수의 무덤을 발굴하여 기념성당을 세웠다.

그 후 이 성당은 파손과 복구를 거듭하다가 12세기에 십자군에 의해 대대적으로 개축되었으나 이것도 1808년 화재로 많은 부분이 소실되었다. 이후 국제정세에 따라 그리스정교와 가톨릭교회, 그리고 아르메니아정교가 번갈아 가며 성당의 보수와 개축을 담당하게 되면서, 예수무덤성당의 각 부분에 대한 소유권과 관리권이 지금과 같이 복잡하게 얽히게 되었다. 현재 예수 무덤에 대한 전반적인 관

276

예수 무덤의 앞면

리권은 그리스정교가 갖고 있으나, 예수 무덤에서의 전례에 대해서
는 가톨릭 및 기타 종파와 시간을 배분하여 집행하도록 합의가 되
어있다고 한다.

　무덤의 앞면에 있는 문 안으로 들어가면 무덤으로 쓰인 동굴이 있
고, 여기에 예수를 뉘었던 석판이 있다. 여기에 들어가 참배를 하려
면 대개 길게 줄을 서서 기다려야 하는데, 건장한 그리스정교 수사
들이 엄격하게 질서를 잡고 있다. 우리도 한참을 기다린 끝에 안으
로 들어가서 참배할 수 있었다.

예수 무덤 위의 돔

　그 안은 말 그대로 '빈 무덤'이었다. 세속의 왕은 이집트의 투탕
카멘이나 백제의 무령왕같이 그 무덤에 진귀한 유물이 가득할 때
세상의 주목을 받는다. 그러나 예수는 그 무덤을 비움으로써 메시
아가 되었다.

　예수 무덤 벽면에는 부활한 후 승천하는 예수의 모습이 그려져 있
고, 무덤 위 돔에는 하늘로 뚫린 둥근 창이 나 있다. 예수가 승천한
길을 따라 하느님 나라로 이어지는 하늘의 문인가.

278

어제는 성전산이 닫혀 들어가지 못했는데, 오늘은 들어갈 수 있으려나. 여러 사람에게 물어봤는데, 모두 다르다. 일단 아침 일찍 서둘러 나왔다. 벌써 아침 햇살의 붉은 기운이 반질거리는 포석에 번지고 있다. 이제는 이 길들이 다 동네 길처럼 익숙해졌다. 부지런히 성전산으로 들어가는 통로가 있는 통곡의 벽으로 갔더니 문이 굳게 닫혀 있다. 이제 얼굴도 익숙한 이스라엘 병사에게 물으니 오늘은 이슬람 쪽에서 기도회가 있어 개방하지 않는다고 한다. 아쉽지만 어쩔 수가 없다.

사실 아침 7시에 예수무덤성당에서 장엄미사가 있다고 했다. 성전산과 장엄미사 둘 중에 어디로 갈 것인지 망설였었는데, 이제 선택이 쉬워졌다. 우리가 워낙 새벽부터 서둘렀기에 여유가 있다. 예수무덤성당에 갔더니 지난번에는 그리스정교 사제들이 정리를 맡고 있었는데, 오늘은 프란치스코 수도회 수사들이 맡고 있다. 무덤 입구 양쪽으로 긴 의자 몇 개를 놓아두고는 우리보고 맨 앞에 앉아 기다리라고 한다. 무덤 입구 바로 옆이다. 자리는 금세 찼다. 잠시 기다리니 사제와 수사들이 행렬을 지어 입장했다. 미사는 라틴어 창미사로 진행되었는데, 의식은 우리나라와 똑같으니 따라가는 데 문제는 없었고, 수사님들의 성가로 미사는 경건하고 아름답게 진행되었다.

미사를 마치니 배가 고프다. 어디로 가야 아침을 먹을 수 있으려나. 자파문 광장으로 가니 다행스럽게 빵장수도 있고, 편의점도 열려 있다. 여기는 기독교 구역이었다. 다윗성을 넘어온 아침 햇살을 맞으며 맛있는 빵으로 아침 식사를 마친 우리는 다시 골목 탐험에 나섰다.

루터교회의 종탑이 생각났다. 예수무덤성당 바로 옆에 붙어있는 루터교회인데, 19세기 말에 독일 빌헬름 2세 황제가 예루살렘을 방문한 기념으로 오스만투르크의 술탄이 제공한 땅에 지은 교회이다. 예루살렘에 있는 다른 가톨릭이나 정교회 성당과는 달리 매우 간결하고 현대적인 모습이 눈길을 끈다. 입장료를 내고 종탑 전망대로 들어가니 좁은 계단을 나선형으로 돌아 올라가게 되어 있다. 사방으로 트인 전망대에 서니 예루살렘 전경이 눈에 다 들어온다. 아침에 우리가 들어가지 못한 성전산의 마당에는 무슬림들이 삼삼오오 모여있다. 바위돔사원의 황금 돔은 막 떠오른 아침 햇살을 받아 금빛으로 빛나고, 그 오른쪽 알아크사 모스크의 검은 돔과 지붕은 아침 안개 속에 아련하다.

방금 미사를 보고 온 예수 무덤 성당의 큐폴라도 보인다. 저 아래 여러 건물 지붕 위로 이어진 길이 보이고 그 위로 몇몇 사람들이 걷고 있다. 사방으로 돌아가며 우리가 지난 며칠 머물고, 돌아다녔던 곳을 하나하나 되짚어 보았다.

예루살렘 성안의 카페

아래로 내려오니 파이프오르간연주회 포스터가 눈에 들어왔다. 이 교회에서 잠시 후에 시작한다고 한다. 파이프오르간은 우리 둘 다 좋아해서 가끔 연주회에 가기도 한다. 그런데 예루살렘 성지에서 파이프 오르간 연주라니 놓칠 수 없는 기회였다. 연주자는 독일에서 온 오르가니스트였는데, 연주도 훌륭했지만 예루살렘이라는 프리미엄 덕분인지 더 감동적이었다. 성당에서 나와 골목길의 노천 카페에 앉았다. 아직 가시지 않은 파이프오르간의 여운과 커피 향, 그리고 말간 햇빛이 좋아 한참을 앉아 있었다.

또 다른 예루살렘

 예루살렘은 도성을 포함하여 원래 팔레스타인에 속한 동예루살렘과 유대인들이 서쪽에 새로 건설한 신시가지로 구분된다. 예루살렘성과 신시가지를 연결하는 곳에 자파문이 있다. 자파문 안쪽에는 정돈된 큰 광장이 있고, 이 주변에 숙소 및 여행에 필요한 시설들이 많아 대개 예루살렘 도성 방문의 기점으로 삼는다. 자파문이라는 이름은 이 문을 나서서 곧장 앞으로 가면 지중해의 자파(또는 야파, 욥바)에 닿는다고 해서 붙여진 이름이다. 그래서 이 길 이름도 자파길이다.

자파길

우리가 묵은 숙소는 자파문에서 자파길을 따라 조금만 걸어가면
되었는데, 이 거리가 예루살렘의 중심가이며 이 길의 중간쯤 있는
벤예후다 거리가 우리의 명동쯤에 해당한다고 보면 되겠다.

자파길은 넓은 도로임에도 차량은 다닐 수 없고 트램만 다니므
로, 걷기에 쾌적하다. 길 양쪽으로는 서구의 여느 도시와 마찬가지
로 잘 꾸며진 상점들이 줄지어 있다. 음악소리가 들려 둘러보니, 대
여섯 명의 길거리 밴드가 신나게 연주하고 있었다. 예루살렘에서
이런 모습을 볼 거라고는 기대하지 않았었다.

숙소 근처에 있는 마흐네예후다 시장 쪽으로 걸음을 옮겼다. 근처에 유대 정통파들의 집단 거주 구역인 메아세아림이 있어서 그런지 길거리에 하레디 복장을 한 사람들이 많이 나다닌다. 잘 모른 채로 밤중에 길에서 만나면 좀 으스스했을 것이다. 우리는 유대교 정통파에 대해 얼마간 사전 지식을 갖고 있었고, 갈릴래아와 쯔팟에서도 미리 경험을 했기 때문에 좀 생경하기는 했지만 두렵지는 않았다. 마흐네예후다 시장은 예루살렘의 남대문 시장이라고 할 수 있는데, 잘 정돈되고 파는 물건도 다양해서 재미있었다. 지금까지 아랍인 시장은 여러 번 갔었지만 유대인 시장은 처음이다.

시장은 골목마다 사람이 가득했다. 특히 어느 피시앤칩스 가게 앞에는 긴 줄이 만들어져 있었다. 우리도 그 뒤에 따라 서기로 했다. 잠시 기다리는데 경쾌한 음악 소리가 나더니 카운터에서 일을 보던 아가씨와 생선을 튀기던 총각들이 모두 나와 흥겹게 춤을 춘다. 모두 함박웃음을 머금고 신나게 흔들어 내는데 보기에 참 예쁘다. 우리는 주문한 것을 받아 방울토마토도 함께 사서 숙소에서 먹기로 하였다. 피시앤칩스를 한입 베어 문 아내, 엄지손가락을 치켜세우며, '세계 최고'를 외친다. 내가 먹어봐도 맛있다. 나중에 인터넷에서 찾아보니 역시 손님들의 평점이 매우 높은 집이었다.

오늘은 야드바셈에 간다. 숙소 앞에서 트램을 타면 그 종점에 야드바셈이 있다. 우리도 옛날에 서울에 전차가 있었다. 어렸을 때 냉 냉 냉 하면서 다니던 모습을 지금도 기억하는데, 어느 도시에서건 그 모습이 아무리 현대적이라도 전차는 정겹다. 우리의 독립기념관에 해당할만한 홀로코스트 추모관인 야드바셈은 헤르츨산에 있다. 데오도르 헤르츨은 19세기 후반에 시오니즘을 제창하여 현대 이스라엘의 건국을 이끌어낸 사람이니, 야드바셈이 있는 산의 이름으로 잘 어울린다는 생각이 들었다.

우리나라 사람들은 일반적으로 유대인이나 이스라엘에 대해서 우호적인 감정을 가진 것 같다. 역사적으로 그들과 아무런 이해관계가 없었기 때문이다. 그러나 서방세계는 유대인에 대하여 매우 배타적인 감정을 가지고 있다. 유대인들은 이스라엘 밖으로 한 발자국만 걸어 나가면 사방에서 반유대주의를 만나게 된다. 파시즘의 광풍이 불던 시절 이런 반유대주의가 극으로 치달아 나치는 수백만 명의 유대인을 학살하는 홀로코스트를 자행하였다. 유대인들은 홀로코스트의 과거를 결코 있지 못한다. 야드바셈에는 이런 글귀가 쓰여있다. "용서는 하지만 망각은 또 다른 방랑으로 가는 길이다."

1세기에 로마에 의한 유대인의 디아스포라 이래 유럽국가는 전통적으로 유대인에게 적대적인 입장을 보여왔다. 유대인들의 뛰어난 지식과 능력을 활용할 필요가 있을 때는 그들을 이용하고, 유대인 집단의 힘이 조금 커지면 억압하고 파괴하기를 반복해 왔다. 상대적으로 이슬람국가에서는 유대인들이 큰 차별을 받지 않고 살아왔다.

지금은 어떤가. 핍박을 받는 입장에 있던 유대인이, 이제는 나치에 의해 집단 학살된 참혹한 역사를 배경으로, 그 광기의 역사에 책임이 있는 유럽 국가 누구도 이들을 건드리지 못하는 성역화된 존재가 되어 버렸다. 오히려 자기들이 소수자, 피해자임을 내세우지만, 전 세계의 자본과 권력을 손아귀에 쥔 힘을 바탕으로 이웃의 다른 민족을 핍박하고 해치는 만행까지 저지르고 있다.

나치의 죄악은 너무나 크다. 알려진 대로 6백만 명의 유대인과 수많은 집시, 그리고 다른 이념을 갖고 있는 사람들을 학살한 그 자체로도 이미 도저히 용서받을 수 없는 범죄를 저지른 것이지만, 유대인 및 유대 커뮤니티가 우리 세계와 조금 더 건전한 관계를 설정할 기회를 잃어버리게 한 것도 비판 받아야 할 크나큰 죄목이다. 근현대 자본주의의 확산과 최근 세계화로 대변되는 신자유주의의 범람은 유대인이 지배하고 있는 국제금융자본과 군산복합체들에 의해 주도되고 있지 않은가.

그럼에도 홀로코스트는 분명한 사실이자 역사이고, 여기 야드바셈은 그러한 아픈 역사를 추모하는 곳이니 그들에게는 당연히 성지일 수밖에 없다. 직접 당사자가 아닌 우리도 인간이라는 한가지 이유에서라도 그러한 야만성이 다시 고개 들지 못하게 해야겠다는 생각에 몸가짐을 추스르게 된다. 기념관은 유대인의 관점에서 홀로코스트의 배경과 진행 상황, 결과, 가해자, 희생자 등에 대해 잘 보여

주었고, 맨 마지막에는 '모든 희생자의 방'이 있었다. 지금까지 확인된 수백만 명에 이르는 유대인 희생자들의 이름과 사진이 큰 홀의 벽과 천장에 가득한데, 아직 찾지 못한 최후의 한 명까지 국가가 모든 노력을 기울여 찾아내어 이곳에서 기리겠다는 다짐을 분명히 밝히고 있었다. 이것이 국가의 존재 이유다.

야드바셈에서 버스를 타고 이스라엘박물관으로 향했다. 이스라엘박물관 로비에 있는 매표소는 나이 많은 아주머니들이 맡고 있었다. 지성적으로 보이는 한 할머니가 우리를 반갑게 맞아주었다. 할머니는 지도를 펼쳐 여기저기를 설명하더니, 한 곳을 가리키며 여기는 매우 중요한 곳이니 꼭 들르라고 당부한다. 쿰란유물전시관이었다. 할머니 정성을 생각해서 다른 곳보다 먼저 본관에서 뚝 떨어져 있는, 납작한 흰색 도자기 모양으로 생긴 쿰란유물전시관으로 향했다. 이곳은 사해 인근의 쿰란 동굴에서 발견된 사해 사본 중 일부가 전시된 곳인데, 발견에 관련된 이력과 발견된 문서에 대한 설명이 잘 정리되어 전시되고 있었다. 본관에는 이스라엘의 수천 년 역사를 시대순으로 정리하여 전시하고 있는데, 여러 시대에 걸쳐 여러 다른 민족이 남긴 유물을 통하여 강대한 문명의 교차로에 놓여있는 팔레스타인의 지정학적 특성이 잘 느껴졌다.

햇볕도 따가웠지만, 여행이 막바지라 그런지 몸이 고단했다. 하긴 하느님도 엿새 동안 일하고 쉬셨다고 했다. 오늘이 금요일이니 오늘 저녁부터 안식일이다. 그러나 실제로 관공서나 박물관은 오후 2시에 문을 닫는다. 점심때가 조금 지났는데 아내는 마흐네예후다 시장의 피시앤칩스가 다시 먹고 싶다고 한다. 그곳으로 가는 버스가 시내 가까이부터는 거의 움직이지 않는다. 길에는 차와 사람이 넘친다. 한참 만에 도착해 시장으로 들어가니 인산인해다. 발걸음을 옮길 수가 없다. 유대교 신자들은 안식일에는 손도 까딱하지 않으니, 안식일이 시작하기 전에 먹을 것을 미리 준비해 두어야 한다고 들었다. 사람마다 양손에 든 꾸러미가 엄청나다. 생각해보니 이번 안식일은 더 특별하겠다 싶었다. 이번 안식일은 유대인들의 가장 큰 명절인 유월절로 바로 이어지기 때문에 더 붐비는 것 같았다. 유대인 상점에서는 유월절 기간 누룩이 든 빵을 아예 팔지 않는다.

안식일에 문을 닫은 시장

누룩이 든 빵을 파는 것이 유대 정통파들의 눈에 띄면 귀찮아진다고 한다. 우리는 피시앤칩스를 사서 숙소에서 다시 맛있게 먹었다.

그런데 우리가 실수한 것이 하나 있었다. 유대인 시장은 금요일 오후부터 문을 닫는다는 사실을 미처 깨닫지 못하고, 귀국하는 비행기는 내일 오후 시간이니, 오늘 저녁에 이 시장에 다시 와서 쇼핑하겠다고 미룬 것이었다. 결국, 우리는 예루살렘에서 사고 싶었던 것을 아무것도 사지 못했고, 그날 저녁도 굶었다.

안식일에 철시한 자파길

　점심을 먹고, 다시 예루살렘 도성으로 발길을 옮겼다. 예루살렘
에는 아직 가지 않은 곳도 많이 남아있지만, 새로운 곳을 찾기보다
는 예루살렘성 구석구석을 내 눈에 담고 가슴에 새길 수 있도록 천
천히 다시 돌아보기로 하였다. 예수무덤성당, 비아돌로로사, 아랍
인 상가, 다마스쿠스문을 되짚어 돌아보았고, 자파문광장에 딸린
골목 안의 노천카페에서 커피 한 잔을 마시며 예루살렘의 냄새를
진하게 느꼈다.

　숙소로 돌아가는 자파 거리는 우리만의 것이었다. 트램도 없고,
길 양쪽의 그 화려했던 가게들도 모두 닫았고, 사람도 없다. 이따금
반달곰 같은 옷을 차려 입은 정통파 유대인 몇몇만 눈에 띄었다. 아

내는 이 길의 주인이라도 된 양 으쓱거리며 걷는다. 이곳의 명동인 벤 예후다 거리도 모두 닫았다. 그래도 한군데 믿을 데는 있었다. 우리 숙소 1층에 있는 편의점은 24시간이라고 쓰여 있었으니까 저녁을 굶지는 않겠지.

그런데 웬걸, 이 집도 셔터를 내렸다. 자세히 보니 7x24가 아니라 6 X 24라고 쓰여 있다. 안식일에는 열지 않는다는 뜻인가 보다.

혹시나 하는 생각에 마흐나예후다 시장으로 가보기로 했다. 하늘에는 초승달이 떠 있었지만 시장은 캄캄했다. 낮에 이 시장골목을 가득 메웠던 구름 같은 인파는 흔적도 없다. 저만치 검은 그림자가 어른거리는데 자세히 보니 정통파들 몇몇이 유령처럼 돌아다니고 있었다. 결국, 우리는 아무것도 구하지 못하고 숙소로 돌아왔다.

그럼 내일 공항에는 어떻게 가야 하나. 프런트 데스크로 가서 세루트를 예약해 달라고 했다. 거기 청년이 몇 군데 전화를 해보더니 난감해하면서 지금은 전화도 받지 않는다고 한다. 아마 내일은 개인택시는 연락이 될 거라고 했다. 우리가 예루살렘의 안식일을 너무 만만하게 보았나 보다.

유대인들이 디아스포라의 생활에서도 그들의 정체성을 지킬 수 있었던 것은 안식일을 지켰기 때문이라고 하는 사람들도 있다. 유대인들은 금요일 저녁이면 모든 식구가 깨끗하고 좋은 옷을 차려입고 함께 모여 안식일 만찬을 나눈다. 어머니가 안식일의 촛불을 켜고 아버지는 포도주와 빵을 축성하고 기도하는 의식을 갖는다. 이렇게 안식일을 지키면서 부모와 자녀 간에 자연스럽게 이야기가 오고 가고 가족들 간에 유대가 깊어진다. 이런 것들이 이스라엘에서 청소년 문제가 상대적으로 적은 이유라고 생각할 수도 있겠다.

배에서 꼬르륵 소리가 나는데, 아내가 손뼉을 친다. 서울에서 가지고 온 누룽지가 조금 남은 것 같으니, 엊그제 산 그릇에다 불려먹으면 되겠다고 했다. 마지막 누룽지가 우리를 구했다.

자정 가까운 시간인데 조금 전까지는 조용하더니 창밖이 소란스럽다. 창문을 열고 내려다보니 수십 명의 유대교 정통파들이 차도로 몰려다니며 큰소리로 외치고 있었는데, 지나다니는 차를 향해 세우라는 것이었다. 어떤 사람은 시키는 대로 길가에 차를 대고는 내려서 걸어갔고, 어떤 차는 급히 차를 되돌려 갔다. 이 인근에 유대교 정통파의 집단 거주지인 메아세아림이 있어 더 그렇기도 하겠지만, 21세기에 문명국이라고 자처하는 이스라엘의 중심도시 예루살렘의 한복판에서 중세에나 있었을 법한 광경을 내 눈으로 마주하니, 이 나라의 복잡한 실체의 한 단면을 보는 것 같았다.

유대교정통파의 시위

오늘은 서울로 돌아가는 날. 평소에는 자동차로 가득하던 숙소 앞 도로가 텅 비어 있다. 어제 프런트에 부탁했던 세루트는 역시 연락이 되지 않는다고 한다. 세루트 대신 부른 개인택시가 곧 도착했다. 세속적 유대인으로 보이는 택시운전사는 조금 가더니 주유소 가게에서 무얼 좀 사서 오겠다고 했다. 십여 분이 지나서야 양손에 큰 봉지를 잔뜩 들고 돌아왔는데, 별 미안한 기색도 없다. 자기들 안식일과 유월절에 먹을 음식을 사야 하는데, 이 집이 가장 싸게 팔아 이것저것 사서 오느라 늦었다는 것이다. 우리는 아직 시간 여유가 있으니 상관없지만, 이 사람들 안식일과 유월절 지내는 게 우리 명절 지내는 것과는 비교할 수 없이 중요한 일인 듯했다.

공항에 들어서니 이곳도 거의 모든 상점이 문을 닫았고 심지어 면세점조차 열려있지 않았다. 간단한 스낵코너 한군데만 영업을 하고 있었는데, 여기도 곧 문을 닫는다고 했다. 어제 마흐네예후다 시장이 일찍 문을 닫아, 공항면세점에서 작은 기념품이나 사야겠다고 마음먹었었는데, 결국 이것도 마음대로 되지 않았다.

만약 우리나라에서 일요일 하루 동안만이라도 모든 상점이 온전히 문을 닫는다면, 사람들이 크게 반발하면서 도무지 불편해서 어떻게 살 수 있겠느냐고 불평을 쏟아낼 것이다. 그런데, 이곳 사람들은 그런 체계에도 나름 잘 적응하면서, 다른 일을 하지 않는 하루 동안 가족 간의 사랑도 확인하고 자신의 영성도 키우는 소중한 시간으로 잘 활용하고 있는 것 같았다.

　나도 얼마 전부터 60세 이후에 어떤 삶을 살아갈지에 대해 생각이 많아졌다. 앞으로 하고 싶은 일은 많은데, 막상 지금 하는 일을 손에서 놓아도 될지 걱정이 앞선다. 그러나 나도 잠시 휴식이 필요한 시기가 되었고, 안식년 동안 앞으로 새롭게 살아갈 길을 잘 설계하고 준비한다면, 분명 더 보람이 있을 것이라는 생각이 들기도 한다. 서울에 돌아가면 내 안식년에 대해 구체적으로 생각해 보아야겠다.

여행을 마치며

이스라엘은 결코 작은 나라가 아니었다. 백두산보다 높은 산, 땅이 갈라진 틈 깊이 내려가 있는 바다, 끝없이 펼쳐진 사막과 광야 그리고 오아시스가 함께 어우러진 극단적 지형을 갖고 있었다. 이런 땅에 역사 이래 수많은 민족이 들어오고 또 쫓겨나가면서 주인도 셀 수없이 여러 번 바뀌어왔으며, 지금까지도 진행되고 있었다. 이런 땅에 살고 있는 사람들이 하느님을 찾으며 구원을 갈구하는 것은 너무나 당연한 것이었다. 그러나 하느님 조차 이 땅에 들고나는 사람들을 따라 들어오고 다시 내몰렸다. 이에 따라 하늘에서 땅에 이르기까지 많은 문제가 복잡하게 얽혀있었다.

　우리는 잘 의식하지 않고 사는데, 다른 나라 사람들이 오히려 한반도에서 곧 전쟁이 일어날지도 모른다고 야단스럽게 떠드는 것을 자주 보게 된다. 마찬가지로 우리가 이스라엘의 여러 문제들을 거론하고 걱정하지만, 당사자들은 어쩌면 그것들을 일상 속에 파묻어 두고 나름대로의 지혜로 조금씩 풀어가고 있는지도 모르겠다. 우리 부부 모두 60을 바로 눈앞에 두고 떠난 이 여행을 통해 얻은 것이 있다면, 여러 문제 속에서도 어떻게든 함께 삶을 이어가는 지혜를 발견할 수 있는 가능성을 확인한 것이다.

우리는 여기에서 수천 년에 걸쳐 수많은 이질적 요소들이 마주쳐 충돌하면서도 다른 한편으로는 그것들 사이에 서로 유전자를 주고받으며 이 땅의 고유한 역사를 만들어 왔다는 것을 새삼 느낄 수 있었다. 이런 과정에서 애초에는 단순했던 사실도 오랜 시간을 거치며 많은 역사적 의미가 보태져 현재 우리가 마주하고 있는 모습에 이른 것이고, 내가 속한 종교의 교리나 전례도 예외가 아니라는 것을 알게 되었다. 이러한 생각을 바탕으로 거기에서 역사적 맥락 속에 덧붙여진 의미들을 벗겨내고 원래의 의미를 잘 헤아려 받아들인다면, 내가 의문을 가졌던 것 중 많은 부분을 이해하게 될 수도 있겠다는 생각에 이른 것은 나로서는 다행스러운 일이다.

성지순례를 제외한다면, 사실 이스라엘은 여행지로 그렇게 주목받는 곳은 아니다. 종교적인 선입견에 더해서 분쟁의 이미지가 깊게 각인되어 있기 때문일 것이다. 그러나 우리가 돌아 본 이스라엘은 세속적 시각으로도 매력이 넘치는 나라였다. 작은 나라임에도 불구하고 지형적으로나 문화적으로나 이색적이고 즐거움을 안겨 주는 것들이 너무 많았다.

안식일이지만 비행기는 정시에 이륙하였다. 고난과 모순의 땅 그리고 신비와 영광의 땅, 이스라엘. 이제 안녕! 샬롬! 쌀람!

참고문헌

〈바이블 아틀라스〉, 닉 페이지, 이연수 옮김, 생활성서사, 2012

〈바이블 가이드〉, 마이크 보몽, 김효준 옮김, 생활성서사, 2013

〈유대인 이야기〉, 홍익희, 행성비, 2013

〈이스라엘 팔레스타인으로 가는 길〉, 오가와 히데키, 이종석 옮김, 르네상스, 2004

〈유태인 & 이스라엘 있는 그대로 보기〉, 손혜신, 선미디어, 2005

〈이스라엘 성지 어제와 오늘〉, 정양모 이영현, 생활성서사, 2011

〈구약의 뒷골목 풍경〉, 기민석, 예책, 2013

〈신약의 뒷골목 풍경〉, 차정식, 예책, 2014

〈걸어서 이스라엘〉, 김종철, 베드로서원, 2009

〈샬롬과 쌀람〉, 유재현, 창비, 2009

〈유랑민족의 지팡이 유대교〉, 칼 에를리히, 최장모 옮김, 유토피아, 2007

〈아랍문화의 이해〉, 공일주, 대한교과서, 1999

〈또 다른 예수〉, 오강남, 위즈덤하우스, 2013

〈갈릴래아: 예수와 랍비들의 사회적 맥락〉, 리처드 호슬리, 박경미 옮김,
이화여자대학교출판부, 2007

〈팔레스타인〉, 조사코, 함규진 옮김, 씨앗을 뿌리는 사람, 2013

〈젤롯〉, 레자 이슬란, 민경식 옮김, 미래엔, 2014

〈The Judas Gospel〉, National Geographic, 2006. 5

〈The Story of the Holy Land〉, Peter Walker, Lion Hudson, 2013

〈성경〉, 한국천주교중앙협의회, 2005

〈테오필로신부 블로그〉, http://blog.daum.net/terrasanta

인디 부부의 내 맘대로 세계여행
이스라엘 기행

초판발행   2018년 9월 10일

글/사진   홍은표
발행인   홍은표

디자인   더그래픽노블스

펴낸곳   ㈜인디라이프
주소   서울특별시 마포구 숭문길 226, 202호 (염리동, 이화빌딩)

전화   02-704-6251
팩스   02-704-6252
이메일   ephong@indielife.kr
홈페이지   www.indielife.kr
등록   제2018-000175호

ISBN   979-11-964117-1-8

값   15,000원

Printed in Korea